普通高等教育计算机系列教材

大学计算机基础实验指导

（Windows 7+Office 2010）

（第3版）

张慧丽　莫海芳　主　编

徐　薇　吴谋硕　李　芸　副主编

電子工業出版社

Publishing House of Electronics Industry

北京・BEIJING

内 容 简 介

本书是与《大学计算机基础（Windows 7+Office 2010）（第3版）》配套使用的实验指导书，全书分为上机实验和附录两大部分。上机实验部分包含了Windows 7操作系统、文字处理软件Word 2010、电子表格软件Excel 2010、演示文稿软件PowerPoint 2010、计算机网络与Internet应用。与配套教材相呼应，本实验教材不仅包含了相当一部分的计算机二级考试知识点，还与行业应用挂钩，设计的实例兼顾了综合性和实用性。实验内容循序渐进、由浅入深，便于学生在学习过程中自主地完成实验任务。每一章都包括知识要点、基础性实验和提高性实验。每个实验后面都提供了操作练习，通过操作练习增强学生动手能力和应用能力的培养。附录A给出了与配套教材各章节内容密切相关的练习题，作为课后的书面复习材料，加强学生对计算机的基础知识和主要概念的理解。附录B是计算机等级考试一级MS Office的模拟试题，可作为考前的复习资料。

本书面向应用，重视操作能力和综合应用能力的培养，可作为高校各专业计算机基础课的教材，也可作为各类计算机基础知识的培训教材和自学参考教材。

图书在版编目（CIP）数据

大学计算机基础实验指导：Windows 7+Office 2010 /张慧丽，莫海芳主编. —3版. —北京：电子工业出版社，2016.9
普通高等教育计算机系列规划教材
ISBN 978-7-121-29650-5

Ⅰ. ①大…　Ⅱ. ①张…　②莫…　Ⅲ. ①Windows 操作系统－高等学校－教学参考资料②办公自动化－应用软件－高等学校－教学参考资料　Ⅳ. ①TP3

中国版本图书馆CIP数据核字（2016）第187487号

策划编辑：徐建军（xujj@phei.com.cn）
责任编辑：郝黎明
印　　刷：三河市华成印务有限公司
装　　订：三河市华成印务有限公司
出版发行：电子工业出版社
　　　　　北京市海淀区万寿路173信箱　邮编 100036
开　　本：787×1 092　1/16　印张：9　字数：230.4千字
版　　次：2009年8月第1版
　　　　　2016年9月第3版
印　　次：2021年8月第12次印刷
定　　价：25.00元

凡所购买电子工业出版社图书有缺损问题，请向购买书店调换。若书店售缺，请与本社发行部联系，联系及邮购电话：（010）88254888，88258888。

质量投诉请发邮件至zlts@phei.com.cn，盗版侵权举报请发邮件至dbqq@phei.com.cn。

本书咨询联系方式：（010）88254570。

前言
Preface

本书是与《大学计算机基础（Windows 7+Office 2010）（第3版）》配套使用的实验教材，本书内容新颖、面向应用、重视计算机操作能力的培养，书中所选示例循序渐进、由浅入深，对于提高学生的计算机操作能力能力，尽快掌握和巩固所学知识会有极大的帮助。同时，也为教师授课提供了极好的素材。其中精心设计的各章节练习题及参考答案，可帮助学生深入掌握基础知识。

本书分为上机实验和附录两大部分。上机实验部分包含了 Window 7 操作系统、文字处理软件 Word 2010、电子表格软件 Excel 2010、演示文稿软件 PowerPoint 2010、计算机网络与 Internet 应用。上机实验是本书的核心内容，实验内容循序渐进、由浅入深，既有基础又有提高，层次清晰，便于分层教学。附录 A 给出了与配套教材各章节内容密切相关的练习题，作为课后的书面复习材料，加强学生对计算机的基础知识和主要概念的理解。附录 B 提供了计算机等级考试一级 MS Office 的模拟试题，可作为考前的复习资料。

本书集编者多年从事大学计算机基础课程教育的教学经验，其要点特点如下。

（1）每一章都包含相关知识要点，便于学生复习相关知识。

（2）本教材将实例教学和任务驱动教学结合起来。每个实验都安排了一个有详细操作步骤的实例，便于学生在学习过程中自主地完成实验任务，也便于教师操作演示。每个实验的末尾部分都安排了一个操作练习，作为学生独立完成的实验任务，让学生举一反三，以强化学生的动手能力和应用能力。

（3）本教材中既有基础性实验，也有综合应用的提高性实验，可以满足不同层次读者的学习要求，便于采用分层教学。

（4）在实验内容的选取上，注重先进性、实践性与综合性，坚持面向应用、强调操作能力培养和综合应用的原则。与配套教材相呼应，本实验教材不仅包含了相当一部分的计算机二级考试知识点，还与行业应用挂钩，设计的实例兼顾了综合性和实用性。

本书由中南民族大学的老师组织编写，张慧丽、莫海芳担任主编，徐薇、吴谋硕、李芸担任副主编。参加编写的人员还有李作主、谢茂涛、项巧莲、赵丹青、马卫、熊伟、彭川、费丽娟、任恺、谢谨、王莉。编者在编写本书的过程中，参考了一些文献资料和网站资源，在此一并表示衷心的感谢。

由于编者水平有限，书中难免存在不妥或不足之处，恳请广大读者批评指正。

编　者

目录
Contents

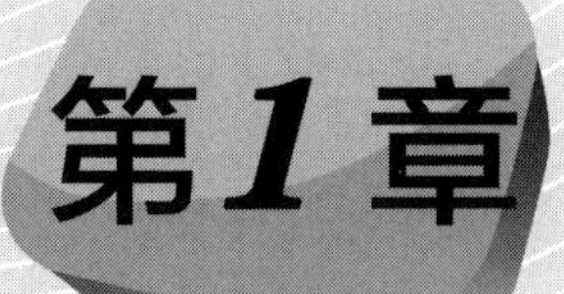

第1章 Windows 7 操作系统

知 识 要 点

1. 启动 Windows 7

对于安装了 Windows 7 操作系统的计算机，打开计算机电源即可启动 Windows 7。打开电源后系统首先进行硬件自检，如果用户在安装 Windows 7 时设置了密码，则在启动过程中将出现密码对话框。用户只有输入了正确的密码后方可进入 Windows 7 系统。

如果启动计算机时，在系统进入 Windows 7 启动画面前按 F8 键，则可以采用安全模式启动计算机。用安全模式启动计算机可以方便用户排除问题、修改错误。

2. 任务栏的设置

任务栏由“开始”按钮、快速启动栏、应用程序栏和通知栏组成。系统中打开的所有应用软件的图标都显示在任务栏中，利用任务栏可以进行窗口排列和任务管理等操作。在任务栏的空白处右击，确定快捷菜单中的“锁定任务栏”项未被选中，这样用户就可以调整任务栏的位置和高度。在任务栏的空白处右击，在弹出的快捷菜单中选择“属性”命令，弹出“任务栏和‘开始’菜单属性”对话框，可以利用该对话框对任务栏和“开始”菜单的属性进行设置。

3. “开始”菜单的常用功能和设置

单击任务栏上的“开始”按钮，打开“开始”菜单，即可以启动程序、打开文档、改变系统设置、获得帮助等。在“开始”按钮上右击，在弹出的快捷菜单中选择“属性”命令，弹出“任务栏和‘开始’菜单属性”对话框。在“‘开始’菜单”选项卡中单击“自定义”按钮，弹出“自定义‘开始’菜单”对话框，利用该对话框可以设置“开始”菜单的显示内容和显示方式。

4. 窗口和对话框的基本操作

窗口是屏幕中一种可见的矩形区域，窗口分为两大类：应用程序窗口和文件夹窗口。窗口的操作包括打开、关闭、移动、放大及缩小等。在桌面上可以同时打开多个窗口，每个窗口可扩展至覆盖整个桌面或缩小为图标。

对话框是 Windows 7 提供给用户的一种人机对话界面，广泛应用于 Windows 7 操作系统中。出现对话框时，用户可根据情况选择或输入信息。

在以下几种情况下可能会弹出对话框。

（1）在菜单命令或按钮名称后若有省略号“…”的标识，则执行后一定会弹出一个对话框。

（2）用户按某些组合键时可能弹出对话框。

（3）执行程序时，系统提示操作和警告信息时会弹出对话框。

（4）选择某些帮助信息时会弹出对话框。

5. 利用“资源管理器”对文件和文件夹进行管理

文件是一组彼此相关并按一定规律组织起来的数据的集合。这些数据使用用户给定的文件名存储在外存储器中。当用户需要使用某文件时，操作系统根据文件名及其在外存储器中的路径找到该文件，然后将其调入内存储器中使用。

众多的文件在磁盘上需要分门别类地存放在不同的文件夹中，以利于对文件进行方便有效的管理。操作系统采用目录树（或称为树形文件系统）的结构形式来组织系统中的所有文件。

选择“开始”→“所有程序”→“附件”→“Windows 资源管理器”命令，即可打开“资源管理器”窗口。另外，也可以右击“开始”按钮，在弹出的快捷菜单中选择“打开 Windows 资源管理器”命令，打开“资源管理器”窗口。

在“资源管理器”窗口右窗格的空白处右击，弹出该窗口的快捷菜单。当鼠标指针停放在菜单中的“查看”选项上时可以看到有“超大图标”、“大图标”、“中等图标”、“小图标”、“列表”、“详细信息”、“平铺”、“内容”8 种查看方式。使用此快捷菜单还可进行图标排列等操作。

6. 选择文件或文件夹的方法

单击某个对象则选中该对象，被选中的对象呈反白显示。要选择不连续的对象，可在按住 Ctrl 键的同时逐个单击要选择的对象。要选择连续的对象时，可先单击要选择的第一个对象，然后按住 Shift 键，移动鼠标单击要选择的最后一个对象。也可以按住鼠标左键拖出一个矩形，被矩形包围的所有对象都将被选中。在“资源管理器”窗口中用 Ctrl+A 组合键，可选择“资源管理器”窗口右侧窗格中的所有对象，在空白处单击即可取消选择。

7. 新建、删除和重命名文件或文件夹的方法

（1）新建文件或文件夹。

在“资源管理器”的左窗格中选择新建文件或文件夹的存放位置，然后在右窗格中右击，在弹出的快捷菜单中选择“新建”命令，在弹出的级联菜单中选择欲新建的对象类型后，“资源管理器”右窗格中将会出现新建对象的图标，对象名称呈反白显示。此时，用户只需输入新的对象名并确定即可完成创建操作。

（2）删除与恢复对象。

右击“资源管理器”中要删除的对象，在弹出的快捷菜单中选择“删除”命令，一般会出现放入“回收站”的确认对话框。用户可以单击“是”按钮确认删除，或单击“否”按钮放弃删除。在“回收站”中右击欲恢复的文件或文件夹，在弹出的菜单中选择“还原”命令，可以将所选对象还原至原位置。右击桌面上的“回收站”图标，在弹出的快捷菜单中选择“属性”命令，弹出“回收站属性”对话框，可对“回收站”的属性进行设置。

（3）文件或文件夹的重命名。

右击“资源管理器”窗口中要更名的对象，在弹出的快捷菜单中选择“重命名”命令，此时，该对象名称呈反白显示状态。输入新名称后按 Enter 键即可。

8. 移动和复制文件或文件夹的方法

移动或复制文件或文件夹有 3 种常用方法：利用剪贴板、利用鼠标左键拖动和利用鼠标右键拖动。

（1）利用剪贴板。

剪贴板是内存中的一块区域，用于暂时存放用户剪切或复制的内容。若利用剪贴板实现文件或文件夹的移动（或复制）操作，可在“资源管理器”窗口中找到要移动（或复制）的对象，在对象上右击，在弹出的快捷菜单中选择“剪切”（或“复制”）命令，该对象即被移动（或复制）到剪贴板。找到要移动（或复制）到的目标文件夹，右击，在弹出的快捷菜单中选择“粘贴”命令，对象即从剪贴板移动（或复制）到该文件夹中。

（2）利用鼠标左键拖动。

打开“资源管理器”窗口，在右窗格中找到要移动的对象，在按住 Shift 键的同时按住鼠标左键并将其拖动到目标文件夹上即可完成移动该对象的操作；按住 Ctrl 键的同时按住鼠标左键并将其拖动到目标文件夹上将完成复制该对象的操作。注意观察：按住 Ctrl 键并拖动时对象的旁边有一个小“+”标记。

（3）利用鼠标右键拖动。

打开“资源管理器”窗口，在右窗格中找到要移动的对象，按住鼠标右键并将其拖动到目标文件夹上。松开鼠标右键后将弹出快捷菜单，选择菜单中的相应命令即可完成移动或复制该对象的操作。

9. 搜索文件或文件夹的方法

Windows 7 有很强的搜索功能，不仅可以搜索本地主机上的文件和文件夹，还可以搜索网络中的计算机和用户。单击“开始”按钮，打开“开始”菜单，菜单底部的左边就是功能强大的搜索框。用户只需要在搜索框中输入相应内容，即可完成搜索功能。

10. 设置文件或文件夹属性的方法

右击“资源管理器”窗口中要查看属性的对象，在弹出的快捷菜单中选择“属性”命令，即可弹出对象属性对话框，可以在此查看或修改文件或文件夹的属性。利用文件夹属性对话框的“共享”选项卡可以为文件夹设置共享属性，使局域网中的其他计算机可通过“网上邻居”访问该文件夹。

在“资源管理器”窗口中，选择“组织”→“文件夹和搜索选项”命令，可弹出“文件夹选项”对话框，在此对话框中所做的任何设置和修改，都将对以后打开的所有窗口起作用。

11. 磁盘重命名

右击“资源管理器”窗口中的磁盘图标，在弹出的快捷菜单中选择“重命名”命令，可更改磁盘的名称。通常可给磁盘取一个反映其内容的名称。

12. 磁盘格式化

磁盘在第一次使用之前需要进行格式化操作。另外，要删除某磁盘分区的所有内容时也可以通过格式化完成。右击“资源管理器”窗口中待格式化的磁盘图标，在弹出的快捷菜单中选择“格式化”命令，进行相应设置后即可进行格式化操作。

13. 磁盘属性

右击“资源管理器”窗口中的磁盘图标，在弹出的快捷菜单中选择“属性”命令，在弹出的对话框中可查看磁盘的软件和硬件信息，还可对磁盘进行查错、备份、整理及设置磁盘共享属性等操作。

14. 控制面板

“控制面板”是用户根据个人需要对系统软件和硬件的参数进行安装和设置的工具程序。单击“开始”按钮，在“开始”菜单中选择“控制面板”命令即可打开“控制面板”窗口。利用该窗口可以对键盘、鼠标、显示、字体、区域选项、网络、打印机、日期/时间、声音等配置进行修改和调整，还可以创建和切换用户账户。

1.1 实验 1 Windows 7 基本操作

实验目的

（1）掌握 Windows 7 的启动和关闭方法。

（2）掌握 Windows 桌面上基本元素的使用。

（3）了解文件和文件夹的概念。

（4）熟练掌握“资源管理器”中文件及文件夹的操作，包括文件和文件夹的创建、选择、移动、复制、删除、重命名、搜索和属性设置。

实验内容

1. Windows 7 的启动和关闭

（1）启动。

先打开外设（如显示器、打印机、扫描仪等）的电源，再打开主机电源，计算机自动完成启动过程，进入桌面状态，观察桌面的组成。

有时在操作中因种种原因，出现计算机不能响应的情况，这时可以按 Ctrl+Alt+Delete 组合键，然后选择“启动任务管理器”，来打开“Windows 任务管理器”窗口，如图 1-1 所示。在“应用程序”选项卡中选择状态为“未响应”的任务，单击“结束任务”按钮来结束不能响应的程序。如果此方法无效，可以按主机箱面板上的 Reset 键来复位系统。如果此方法仍无效，则可长时间按主机电源按钮来强制关机，然后稍等几分钟再重新开机。

（2）关闭。

选择“开始”→“关机”命令，系统会自动退出 Windows 7 系统。待计算机自动关闭主机电源且显示器屏幕上无内容后，关闭显示器电源。

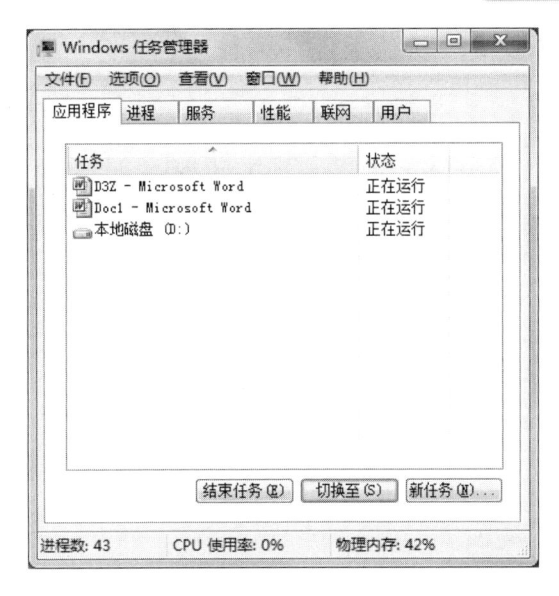

图 1-1 “Windows 任务管理器”窗口

2. 任务栏的设置

（1）为快速启动栏添加按钮。

例如，将“记事本”的快捷方式放到任务栏的快速启动栏，具体方法如下。

选择“开始”→“所有程序”→“附件”→“记事本”命令，在“记事本”命令上按住鼠标左键并拖动至任务栏的快速启动栏即可。

（2）将任务栏设置为自动隐藏。

在任务栏空白处右击，在弹出的快捷菜单中选择“属性”命令，即可弹出“任务栏和‘开始’菜单属性”对话框，在“任务栏”选项卡中选中“自动隐藏任务栏”复选框。

（3）将任务栏的位置移动至屏幕上方。

将鼠标指针移动至任务栏空白处，按住鼠标左键并拖动至屏幕上方后松开鼠标左键，任务栏的位置即调整至屏幕上方。

提示： 要调整任务栏的位置、高度等，首先必须将任务栏快捷菜单中的“锁定任务栏”项设置为非选中状态。

3. “开始”菜单的常用功能和设置

（1）打开“开始”菜单。

单击任务栏上的“开始”按钮，打开“开始”菜单，观察“开始”菜单的组成。

（2）用“开始”菜单启动应用程序。

例如，启动 Windows 中的“计算器”应用程序，具体方法如下。

选择“开始”→“所有程序”→“附件”→“计算器”命令，打开“计算器”应用程序窗口。

（3）用“开始”菜单打开帮助和支持。

① 选择“开始”→“帮助和支持”命令，打开“Windows 帮助和支持”窗口。

② 在搜索框中输入要查找的关键字，如“网络”，然后按 Enter 键，将出现如图 1-2 所示的窗口。在窗口的列表中单击自己感兴趣的项目，窗口中就会列出详细的帮助文字。

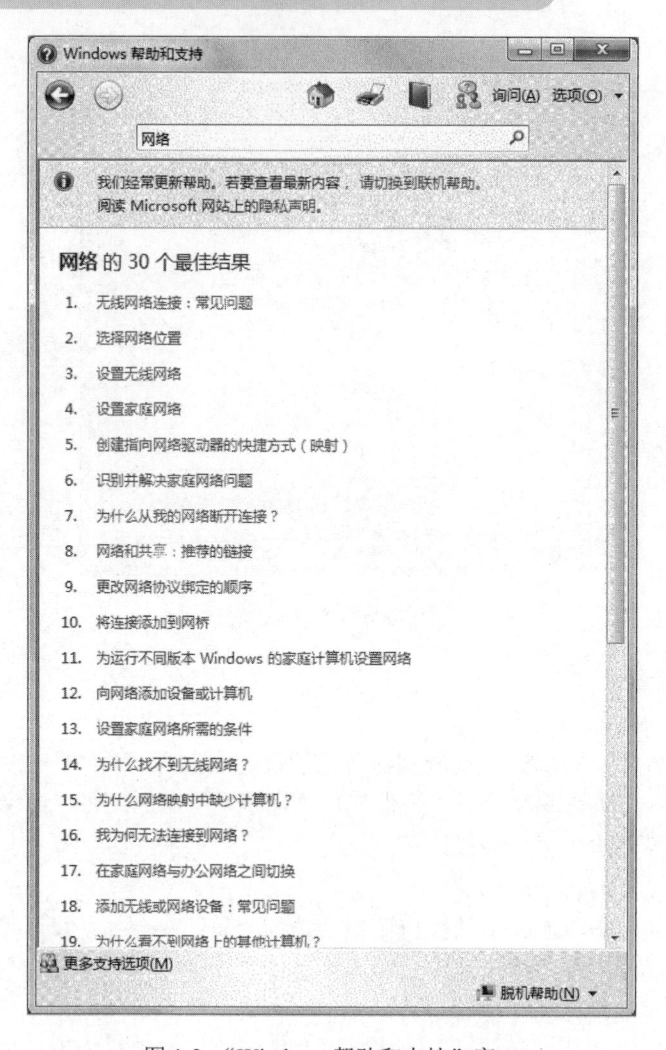

图 1-2 “Windows 帮助和支持”窗口

（4）向“开始”菜单中添加应用程序的快捷方式。

快捷方式是指文件或文件夹的快捷图标，通过快捷方式可以快速找到文件及文件夹并将其打开，从而方便用户的操作。

如果桌面上已经存在某个程序的快捷方式，则只需将该快捷方式拖动至“开始”按钮，等“开始”菜单打开后，会发现该快捷方式已成功添加至“开始”菜单了。

（5）从“开始”菜单中删除应用程序的快捷方式。

单击“开始”按钮，打开“开始”菜单，将鼠标指针移动至要删除的快捷方式上，然后右击，在弹出的快捷菜单中选择“从列表中删除”命令即可。

注意：快捷方式不是这个对象本身，而是指向这个对象的指针。打开快捷方式会打开相应的对象，删除快捷方式却不会影响相应的对象。

4. 窗口操作

在桌面上双击“计算机”图标，打开“计算机”窗口，仔细观察窗口的组成，可以看出窗口包括标题栏、地址栏、工具面板、“前进”按钮、“后退”按钮、滚动条、“关闭”按钮、“最小化”按钮、“最大化”（或“还原”）按钮等。

（1）移动窗口。

将鼠标指针放在窗口的标题栏上，按住鼠标左键并拖动至所需位置释放鼠标左键即可。

（2）缩放窗口（改变窗口的大小）。

将鼠标指针移到窗口边框或窗口角上，待鼠标指针变成双向箭头时，按住鼠标左键拖动即可。

（3）“最小化”、“最大化”、“还原”和“关闭”窗口。

分别单击标题栏右上角的“最小化”按钮、“最大化”按钮、“还原”按钮、“关闭”按钮，观察窗口变化。

（4）切换窗口。

当桌面上有多个正在运行的窗口时，可单击任务栏上对应的程序按钮将其切换成当前活动窗口。按 Alt+Tab 组合键也可以进行切换，还可以单击需要成为当前窗口的那个窗口中的任意位置。

（5）排列窗口。

窗口的排列有层叠显示、堆叠显示和并排显示 3 种方式。当桌面上运行多个窗口时，右击任务栏上的空白处，从弹出的快捷菜单中选择一种排列方式，如图 1-3 所示。

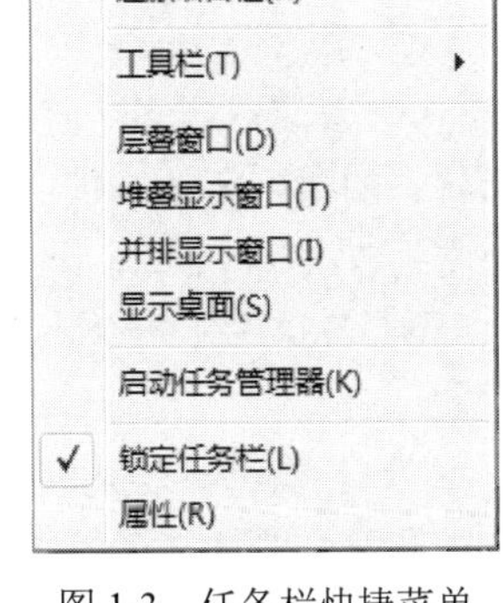

图 1-3 任务栏快捷菜单

5. 打开资源管理器

选择“开始”→“所有程序”→“附件”→“Windows 资源管理器”命令，打开“资源管理器”窗口。

“资源管理器”窗口的左窗格中显示计算机中资源的结构，右窗格中显示左侧选定的某项目的内容。

提示：也可以右击“开始”按钮，在弹出的快捷菜单中选择“打开 Windows 资源管理器”命令来打开“资源管理器”。

6. 资源管理器的基本操作

（1）显示和隐藏布局中的窗格。

在已打开窗口的左侧单击“组织”下拉按钮，在弹出的菜单中选择“布局”命令，打开其级联菜单，这里的几个命令都是开关命令。若某命令前没有“√”号，表示该窗格已经关闭，此时选择该命令，会打开此窗格。反之，若该命令前已有“√”号，表示该窗格已经打开，此时选择该命令，会关闭此窗格。

（2）调整左右窗格大小。

将鼠标指针放在左右窗格之间的分隔线上，当鼠标指针变成双向箭头时，按住鼠标左键左右拖动即可调整左右窗格的大小。

（3）显示某一文件夹中的内容。

在左窗格中双击 C 盘根目录下的“Windows”文件夹，此时该文件夹处于打开状态，同时右窗格显示该文件夹中的内容。

单击“前进”按钮，返回到“Windows”文件夹的上一级，即 C 盘根文件夹下，此时右窗格显示的是 C 盘根目录下的内容。如果在右窗格中双击“Windows”文件夹，它会再次成为当前文件夹，在右窗格中显示其内容。

（4）右窗格中对象的排列。

在右窗格中右击，在弹出的快捷菜单中选择“排序方式”→“名称”/“修改时间”/“大小”/“类型”命令，观察右窗格中的文件和文件夹排列方式的变化。

7. 资源管理器的使用

（1）选定文件和文件夹。

在对文件和文件夹进行操作之前，一般都要先选定该操作对象。

例如，选择D盘中的文件和文件夹，其操作方法如下。

① 在“资源管理器”窗口的左窗格中单击驱动器D。

（以下的操作均在右窗格中进行）

② 若只选定一个文件或文件夹，则只需单击该对象即可。

③ 若需选定多个连续的文件或文件夹时，可以用鼠标拖动拉出一个方框，框内呈反白显示状态的即为所选文件；或先单击第一个文件，在按住Shift键的同时，单击要选择的最后一个文件。

④ 若需选定多个不连续的文件或文件夹时，只需按住Ctrl键，同时单击要选定的每一个对象。

⑤ 若要选择以某些字符开头的文件或文件夹，可先将右窗格中的对象按“名称”排序（右击，在弹出的快捷菜单中选择“排序方式”→“名称”命令），然后重复③或④的操作。

⑥ 若要选择某一类型的文件或文件夹，可先将右窗格中的对象按“类型”排序（右击，在弹出的快捷菜单中选择“排序名称”→“类型”命令），然后重复③或④的操作。

⑦ 若要选择全部的文件或文件夹，可直接按Ctrl+A组合键。

⑧ 若要取消对个别对象的选择，在按住Ctrl键的同时单击该对象即可；若要取消对所有对象的选择，单击空白区域即可。

（2）文件夹的创建。

在D盘根目录下建立以自己的学号命名的文件夹，再在其下建立名为“one”和“two”的两个子文件夹。具体操作方法如下。

在“资源管理器”窗口的左窗格中单击驱动器D，打开D盘根目录。在右窗格的空白处右击，在弹出的快捷菜单中选择“新建”→“文件夹”命令，此时在右窗格中将出现一个“新建文件夹”图标并有光标在其中闪烁，输入自己的学号作为文件夹的名称。然后在左窗格中选择该文件夹，在右窗格的空白处右击，在弹出的快捷菜单中选择“新建”→“文件夹”命令，此时在右窗格中将出现一个“新建文件夹”图标并有光标在其中闪烁，输入“one”作为文件夹的名称，则“one”文件夹为学号文件夹的子文件夹。用同样的方法在学号文件夹下建立另一个名为“two”的子文件夹。此时在“资源管理器”窗口的左窗格可看到如图1-4所示的结构，注意其中学号文件夹的名称是自己的学号。

计算机
System (C:)
本地磁盘 (D:)
~1
2012071028
one
two

图1-4 新建的文件夹

（3）文件及文件夹的复制。

将C盘“Windows”文件夹中的所有扩展名为“.exe”的文件复制到“one”子文件夹中，具体操作方法如下。

① 在“资源管理器”窗口的左窗格中选定C盘的“Windows”文件夹，此时右窗格中显

示“Windows”文件夹下所有的内容。

② 在窗口中单击“更改您的视图”下拉按钮，将查看方式设置为“详细信息”方式。单击文件列表标题栏中的“类型”列，使右窗格中的文件按照文件类型排列。

③ 拖动滚动条，找到扩展名为“.exe”的应用程序文件。在第一个“.exe”文件上单击，然后按住 Shift 键并在最后一个“.exe”文件上单击，选择所有“.exe”文件。

④ 将鼠标指针移至已选中区域，按住鼠标右键将已选中的文件拖动到左窗格的目标文件夹“one”上。松开鼠标右键后，在弹出的快捷菜单中选择“复制到当前位置”命令即可。

提示：也可以用剪贴板或按住鼠标左键拖动的方法来完成复制操作。若使用剪贴板方法，则先执行上述①、②、③步操作，然后按 Ctrl+C 组合键，将其复制到剪贴板，再在左窗格中选定要复制到的目标文件夹“one”，按 Ctrl+V 组合键完成复制。另外，在“资源管理器”窗口的左窗格中选择 D 盘根目录，然后按 Ctrl+V 组合键，观察发现又复制了一份至 D 盘根目录，这说明“复制”一次后可“粘贴”多次。若使用按住鼠标左键拖动的方法，则先执行上述①、②、③步操作，然后将鼠标指针移至已选中的区域，在按住 Ctrl 键的同时将已选中的文件拖动到左窗口的目标文件夹“one”上，松开鼠标左键和 Ctrl 键即可。

（4）文件及文件夹的移动。

将“one”文件夹中以字母 N 开头的文件移动到“two”文件夹中，具体操作方法如下。

① 在“资源管理器”窗口的左窗格中，选定 D 盘的“one”文件夹，此时右窗格中显示“one”文件夹下的所有内容。

② 在窗口中单击“更改您的视图”下拉按钮，将查看方式设置为“详细信息”方式。单击文件列表标题栏中的“名称”列，使右窗格中的文件按照文件名称排列。

③ 拖动滚动条，找到以字母 N 开头的文件。在第一个以字母 N 开头的文件上单击，然后按住 Shift 键并在最后一个以字母 N 开头的文件上单击，选择所有以字母 N 开头的文件。

④ 按住鼠标右键，将已选中的文件拖动到左窗格的目标文件夹“two”上。松开鼠标右键后，在弹出的快捷菜单中选择“移动到当前位置”命令即可。

提示：也可以用剪贴板或采用按住鼠标左键拖动的方法来完成移动操作。若使用剪贴板方法，则先执行上述①、②、③步操作，然后按 Ctrl+X 组合键将其剪切到剪贴板，再在左窗格中选定要移动到的目标文件夹“two”，按 Ctrl+V 组合键完成移动。另外，在“资源管理器”窗口的左窗格中选择 D 盘根目录，然后按 Ctrl+V 组合键。观察发现以字母 N 开头的文件并未移动至 D 盘根目录，这说明“剪切”一次后只能“粘贴”一次。若使用按住鼠标左键拖动的方法，则先执行上述①、②、③步操作，然后将鼠标指针移至已选中的区域，在按住 Shift 键的同时将已选中的文件拖动到左窗格的目标文件夹“two”上，松开鼠标左键和 Shift 键即可。

（5）文件及文件夹的重命名。

将上面建立的“two”文件夹改名为“too”，再将“too”文件夹下的文件“notepad.exe”的主文件名改为“note”，具体操作方法如下。

① 在“资源管理器”窗口的左窗格中选中 D 盘的学号文件夹，在右窗格中将鼠标指针指向“two”文件夹后右击，在弹出的快捷菜单中选择“重命名”命令，此时文件夹名“two”呈反白显示。

② 输入新名称“too”，按 Enter 键。

③ 选择“组织”→“文件夹和搜索选项”命令，在弹出的“文件夹选项”对话框中选择

"查看"选项卡，在"高级设置"列表中，确保"隐藏已知文件类型的扩展名"复选框处于非选中状态，如图 1-5 所示，然后单击"确定"按钮。

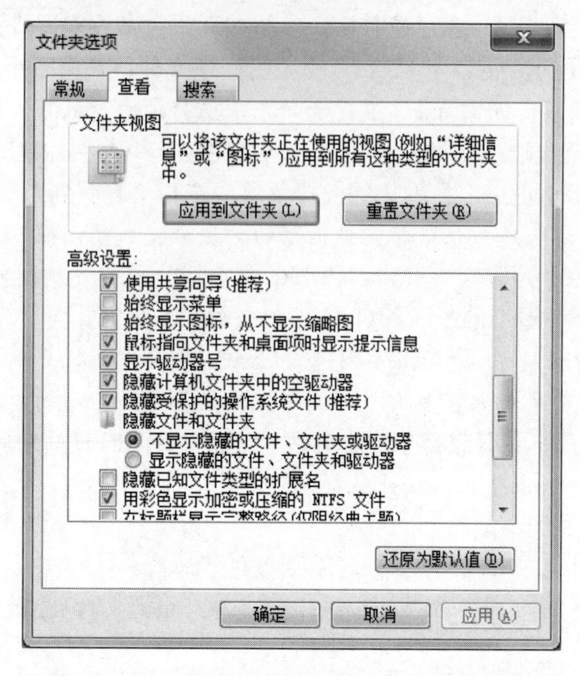

图 1-5 "文件夹选项"对话框的"查看"选项卡

④ 在"资源管理器"窗口的左窗格中选中"too"文件夹，在右窗格中单击选中"notepad.exe"文件，在其文件名上单击，则文件名呈反白显示。

⑤ 选中整个文件名，输入新名称"note"，按 Enter 键，弹出如图 1-6 所示的"重命名"对话框。仔细阅读其中的提示。

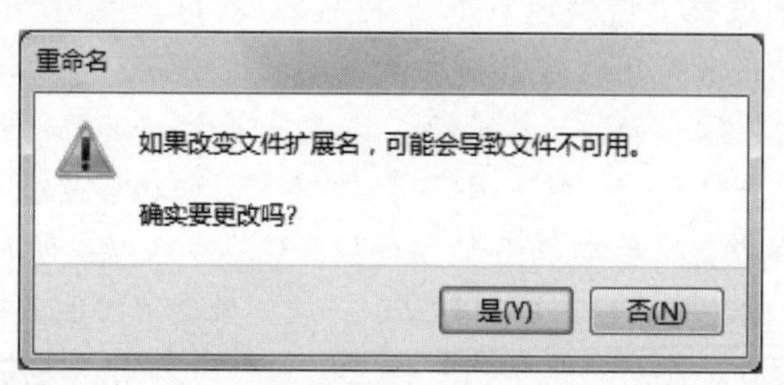

图 1-6 "重命名"对话框

⑥ 单击"是"按钮，观察图标变化。

⑦ 双击"note"文件图标，弹出"打开方式"对话框，如图 1-7 所示，表明由于 Windows 7 不能识别此文件，因而无法找到匹配的软件来打开它，希望用户自己选择打开此文件的软件。

⑧ 单击"打开方式"对话框中的"取消"按钮退出该对话框。

⑨ 在"资源管理器"窗口的右窗格中单击选中"note"文件，在其文件名上单击，文件名呈反白显示后，将文件名改为"note.exe"，按 Enter 键，观察图标变化。

图 1-7　“打开方式”对话框

⑩ 双击文件“note.exe”的图标，此时可顺利打开记事本程序。在记事本中输入一段文字，然后选择“文件”→“保存”命令，弹出“另存为”对话框，如图 1-8 所示。选择保存位置为“one”文件夹，输入文件名 “你好_smile.txt”。

图 1-8　“另存为”对话框

对文件进行重命名时需特别注意，文件的扩展名标志着文件的类型，且与打开该文件的软件相关，不能随便更改。

提示：在上述步骤①中选中“two”文件夹后，也可用其他方法完成重命名操作。例如，可直接按 F2 键，此时文件夹名“two”呈反白显示。输入新名称“too”，按 Enter 键确认。

（6）文件及文件夹的删除和恢复。

删除“one”文件夹，然后再将其恢复到之前的位置，具体操作方法如下。

① 选中“one”文件夹，然后按 Delete 键，弹出“删除文件夹”对话框，如图 1-9 所示，

单击“是”按钮，即可删除文件夹。

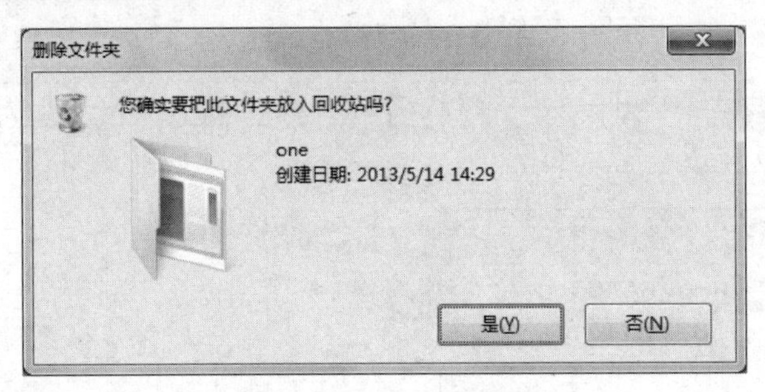

图 1-9 “删除文件夹”对话框

② 查看“回收站”中的内容。

③ 在“回收站”中选择“one”文件夹，然后右击，在弹出的快捷菜单中选择“还原”命令，即可将此对象还原到删除前的位置。

提示：在选中的对象上右击，在弹出的快捷菜单中选择“删除”命令也可以删除该对象。所谓删除文件及文件夹实际上并没有真正删除它们，只是将它们放到“回收站”内。“回收站”内的文件及文件夹是可以恢复的，只有在“回收站”内再删除文件才是真正的删除，不可恢复。但如果在删除文件及文件夹时，按住 Shift 键的同时按 Delete 键，文件就不放入“回收站”内，而是被彻底删除。

（7）文件及文件夹属性的设置。

将“too”文件夹中的“note.exe”文件的属性设为“隐藏”，具体操作方法如下。

① 将鼠标指针指向“too”文件夹中的“note.exe”文件后右击，在弹出的快捷菜单中选择“属性”命令，弹出一个相应的属性对话框。

② 在该对话框中选中“隐藏”复选框，然后单击“确定”按钮，此时“note.exe”文件就隐藏不见了。

提示：文件设为“隐藏”属性后，在“资源管理器”窗口中是否还能被看到取决于“文件夹选项”对话框中的设置。要看到隐藏文件，应选择“组织”→“文件夹和搜索选项”命令，再选择“查看”选项卡，在如图 1-5 所示的“高级设置”列表中，选中“隐藏文件和文件夹”选项中的“显示隐藏的文件、文件夹和驱动器”单选按钮，然后单击“确定”按钮。如果要彻底隐藏，则应选中“不显示隐藏的文件、文件夹和驱动器”单选按钮。

（8）查找文件或文件夹。

可在本地计算机、网络或 Internet 上搜索需要的文件或信息。

在 C:\Windows 文件夹中查找所有第二个字母为“b”，扩展名为“.log”，大小为 10～100KB 的文件，具体操作方法如下。

① 打开“资源管理器”窗口，进入 C 盘的 Windows 文件夹。

② 在窗口右上角的搜索栏中输入“?b*.log”，并在搜索框下出现的“添加搜索筛选器”中，单击“大小”下拉按钮。

③ 在弹出的“大小”下拉列表中选择“小(10 - 100 KB）”选项，系统会根据搜索要求进行自动查找，最后将搜索到的文件显示在“搜索结果”窗口的右窗格中。结果如图 1-10 所示。

图 1-10 “搜索结果”窗口

提示：在搜索中注意通配符的用法。例如，“*let.*”表示要搜索主文件名的最后 3 个字符为“let”的所有文件；“*let*.*”表示要搜索主文件名中含有“let”这 3 个字符的所有文件；“?let*.*”表示要搜索主文件名的第 2、3、4 个字符依次是“l”、“e”、“t”的所有文件，而“?let.*”则表示要搜索主文件名共由 4 个字符组成，且后 3 个字符是“let”的所有文件。

（9）创建文件或文件夹的快捷方式。

① 在桌面上为“one”文件夹创建快捷方式，具体操作方法如下。

在“资源管理器”窗口中右击“one”文件夹，在弹出的快捷菜单中选择“发送到”→“桌面快捷方式”命令。

② 在 D 盘根目录下为“one”文件夹创建快捷方式，具体操作方法如下。

在“资源管理器”右窗格中右击“one”文件夹，在弹出的快捷菜单中选择 “复制”命令，然后选择 D 盘根目录，在“资源管理器”右窗格中右击，在弹出的快捷菜单中选择“粘贴快捷方式”命令即可。

操作练习

（1）在桌面上排列图标，把“网络”排在左上角第一个位置。

（2）将任务栏的位置调整至屏幕上方。

（3）使任务栏不显示系统时间。

（4）在 D 盘建立“我的文件”文件夹。

（5）在“我的文件”文件夹下建立“图片”和“资料”文件夹。

（6）在“图片”文件夹下建立图片文件“smile.bmp”，图片内容为一张笑脸。

（7）将图片文件“smile.bmp”复制一份至“我的文件”文件夹下。

（8）在计算机中查找“config.ini”文件，观察它的存放位置。

（9）将“config.ini”文件复制到D盘的“资料”文件夹中。

（10）在桌面上建立“config.ini”文件的快捷方式。

（11）将“资料”文件夹里的“config.ini”文件移动到D盘根目录。

（12）将D盘根目录下的“config.ini”文件的属性设置为隐藏。若需要，在“文件夹选项”对话框中进行设置，使其真正隐藏。

（13）将桌面上“config.ini”文件的快捷方式放入“回收站”。

（14）查看“回收站”，并将“config.ini”文件的快捷方式还原。

（15）显示系统已知文件类型的扩展名。

（16）将“我的文件”文件夹下的“smile.bmp”文件的主文件名改为“laugh”。

（17）将“laugh.bmp”文件设置为墙纸。

（18）将“我的文件”文件夹设置为共享。

（19）使所有项目以单击方式打开（鼠标指针指向该对象即被选中，单击即被打开）。

（20）以“详细资料”的形式显示D盘根目录下的所有文件（包括隐藏文件和系统文件），并按照文件大小的升序排列。

1.2 实验2 Windows 7高级操作

实验目的

（1）掌握磁盘工具的使用。

（2）了解控制面板的功能、更改计算机的设置。

（3）熟练掌握控制面板中常规项目的设置。

实验内容

1. 磁盘重命名

将E盘重命名为“资料”，具体操作方法如下。

打开“计算机”窗口，右击要重命名的磁盘，在弹出的快捷菜单中选择“重命名”命令，此时磁盘名称呈反白显示，输入新名称“资料”，然后按Enter键即可。

2. 磁盘检查

对D盘进行磁盘检查的具体方法如下。

（1）打开“计算机”窗口，右击要检查的磁盘 D，在弹出的快捷菜单中选择“属性”命令。

（2）在磁盘属性对话框中选择选择“工具”选项卡，如图1-11所示。

（3）单击“开始检查”按钮，弹出如图1-12所示的检查磁盘对话框。

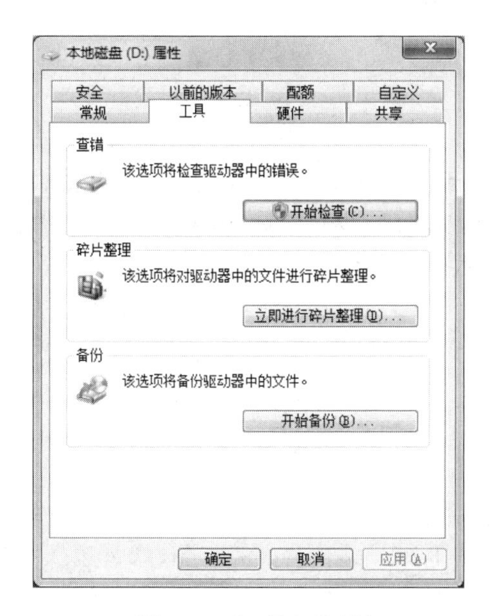

图 1-11 “工具”选项卡

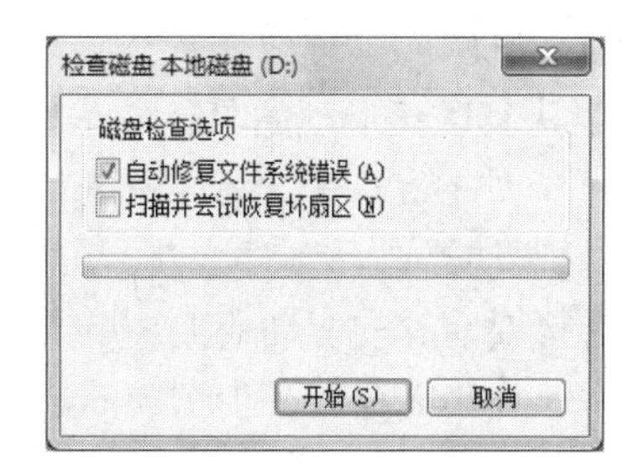

图 1-12 “检查磁盘”对话框

（4）选择“磁盘检查选项”选项区域中的选项，然后单击“开始”按钮。

提示：Windows 的磁盘检查工具可以诊断磁盘的错误，分析和修改磁盘的逻辑错误，并尽可能地将出现物理错误的坏扇区中的数据移到其他位置。磁盘检查过程要花费大量的时间，在磁盘检查期间，必须关闭所检查磁盘的所有文件，尤其不能向磁盘写入数据。

3. 磁盘碎片整理

对 D 盘进行磁盘碎片整理的具体方法如下。

（1）在如图 1-11 所示的“工具”选项卡中单击“立即进行碎片整理”按钮，或选择“开始”→“所有程序”→“附件”→“系统工具”→“磁盘碎片整理程序”命令，打开如图 1-13 所示的“磁盘碎片整理程序”窗口。

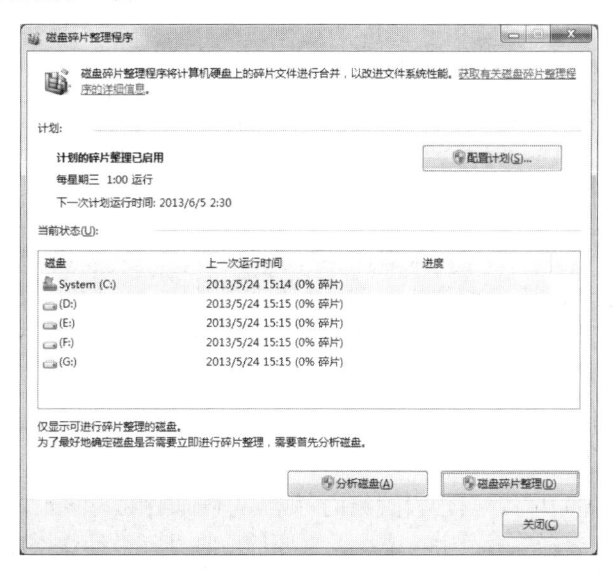

图 1-13 “磁盘碎片整理程序”窗口

（2）在“当前状态”列表的标签中选择要整理的磁盘（分区）D，单击“磁盘碎片整理”按钮，系统进入整理过程。

（3）整理期间可单击“停止操作”按钮，停止磁盘碎片整理。

提示：磁盘碎片是指存放于磁盘不同位置上的一个文件的各个部分。磁盘碎片较多时会影响文件的存取速度，从而导致计算机整体运行速度下降。Windows 所提供的磁盘碎片整理程序可以重新安排文件的存储位置，将文件尽可能地存放于连续的存储空间上，从而减少碎片，提高计算机的运行速度。

4. 磁盘清理

对 D 盘进行磁盘清理的具体方法如下。

（1）选择“开始”→“所有程序”→“附件”→“系统工具”→“磁盘清理”命令，弹出“磁盘清理：驱动器选择”对话框。

（2）选择要清理的驱动器 D，单击“确定”按钮。

（3）系统计算能释放多少空间后，弹出如图 1-14 所示的“（D:）的磁盘清理”对话框。

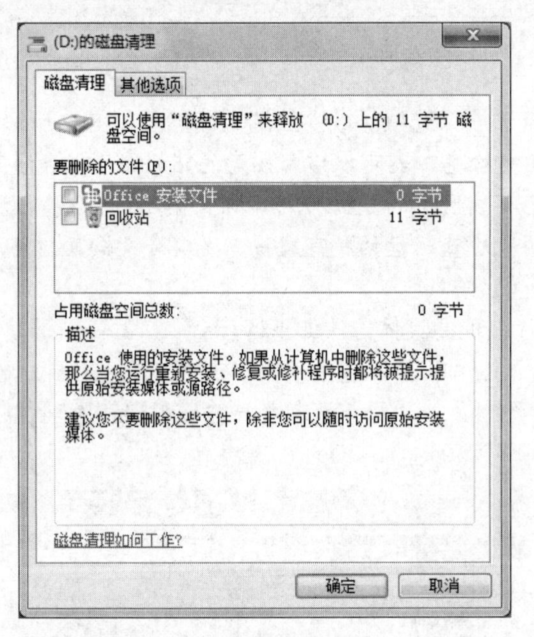

图 1-14 “（D:）的磁盘清理”对话框

（4）在“磁盘清理”选项卡中选择要清理的选项，然后单击“确定”按钮。

提示：Windows 的磁盘清理工具可以将磁盘上无用的文件成批地删除，以释放所占用的存储空间。

5. 启动控制面板

选择“开始”→“控制面板”命令，打开“控制面板”窗口。

6. 桌面背景的设置

用户可以根据自己的喜好，自由设置桌面背景，具体操作步骤如下。

（1）在“控制面板”窗口中单击“个性化”图标，打开“个性化”窗口。也可以在桌面空白处右击，在弹出的快捷菜单中选择“个性化”命令，打开“个性化”窗口。

（2）在“个性化”窗口中单击“桌面背景”图标，打开如图 1-15 所示的“桌面背景”窗口。

（3）窗口中“图片位置(L)”右侧的下拉列表中，列出了系统默认的图片存放文件夹，在其下的背景列表中选择一张图片并单击“保存修改”按钮，即可为桌面设置一张墙纸。如果用户对背景列表中的所有墙纸都不满意，也可通过单击“浏览”按钮将“计算机”中的某个图片文件设置为墙纸。

（4）“图片位置(P)”列表中的各选项用于限定墙纸在桌面上的显示位置。“填充”是让墙纸充满整个窗口，但图片可能显示不完整；“适应”是将墙纸按比例放大或缩小，填充桌面；“拉伸”表示若墙纸较小，则系统将自动拉大墙纸以使其覆盖整个桌面；“平铺”表示可能连续显示多个墙纸以覆盖整个桌面；“居中”表示墙纸将显示在桌面的中央。可以任选这些选项之一。

（5）如果选中背景列表中的几张或全部图片，再单击弹出“更改图片时间间隔”下拉列表，选中其中的某个时间间隔，所选中的墙纸就会按顺序定时切换，或者是无序播放。

（6）设置完成后，单击“保存修改”按钮。

图 1-15 “桌面背景”窗口

提示：用户还可以用自己创作的图画作为桌面背景。具体方法为：选择“开始”→“所有程序”→“附件”→“画图”命令，在“画图”窗口内创作一幅画。保存后，选择“画图”→“设置为桌面背景”→“居中”命令，或选择“画图”→“设置为桌面背景”→“平铺”命令，就可以将这幅画设为桌面背景。

7. 设置日期/时间

（1）在“控制面板”窗口中单击“日期和时间”图标，就可弹出 “日期和时间”对话框。

（2）单击“更改日期和时间”按钮，弹出如图 1-16 所示的“日期和时间设置”对话框。

（3）选择相应的项目进行更改，可以更改的项目包括年、月、日和小时、分钟、秒。

（4）更改完毕后，单击“确定”按钮。

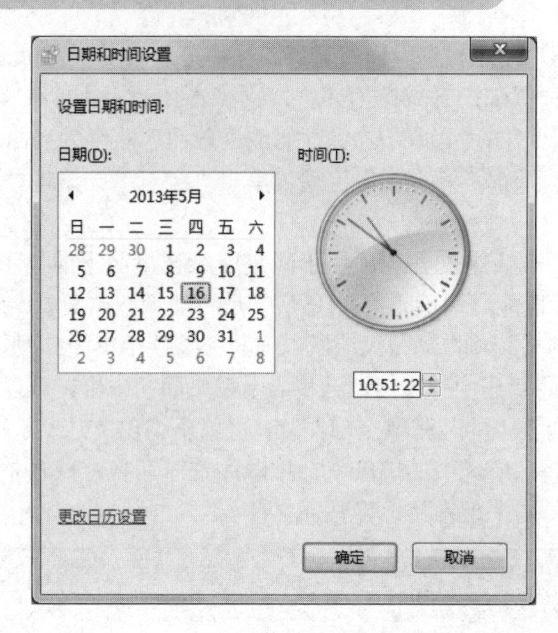

图 1-16 “日期和时间设置”对话框

提示：若想设置日期和时间的显示方式，可在“控制面板”窗口中单击“区域和语言”图标，在弹出的“区域和语言”对话框中的“格式”选项卡中单击“其他设置”按钮，弹出“自定义格式”对话框，在“时间”和“日期”选项卡中进行设置。其中“时间”选项卡如图 1-17 所示。

8. 鼠标的设置

在“控制面板”窗口中单击“鼠标”图标，弹出如图 1-18 所示的“鼠标属性”对话框，在相应的选项卡下进行各项设置。

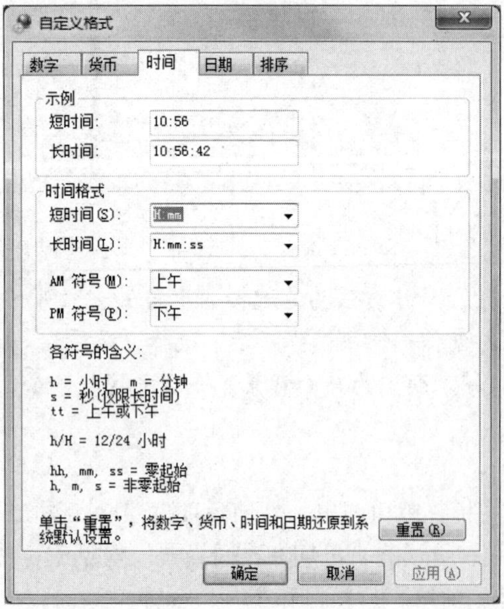

图 1-17 “时间”选项卡

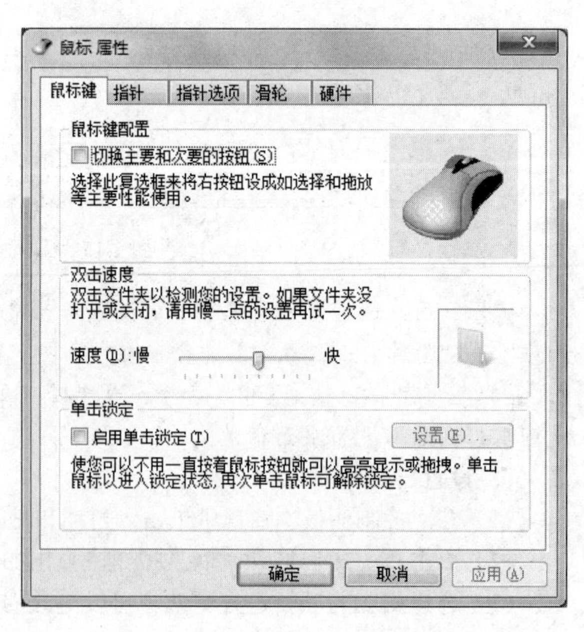

图 1-18 “鼠标 属性”对话框

（1）左右手习惯的设置。

在“鼠标键”选项卡的“鼠标键配置”选项区域选中“切换主要和次要的按钮”复选框，则设置右键为主要键。在“单击锁定”选项区域，若选中“启用单击锁定”复选框，则移动项目时不用一直按着鼠标键即可操作。单击“设置”按钮，在弹出的“单击锁定的设置”对话框中可调整实现单击锁定需要按鼠标键或轨迹球按钮的时间。

（2）鼠标双击速度的设置。

在“鼠标键”选项卡的“双击速度”选项区域，拖动滑块可以调整双击的时间间隔，还可以在右侧的测试区域中双击，来检验设置的效果。

（3）鼠标指针形状的设置。

选择“指针”选项卡，选择执行下列两者之一或全部。

① 在“方案”下拉列表中，选中一个方案可以一次更改所有的鼠标指针形状。

② 在“自定义”列表中显示了系统处在不同工作状态时鼠标指针的形状。若要更改，可选择其中的一项（如“正常选择”）。单击“浏览”按钮，会显示多个可用的鼠标指针形状选项，双击要用于该任务的新指针名（如“arrow_r”）即可。

（4）鼠标指针移动速度的调整。

选择“指针选项”选项卡，然后拖动“移动”选项区域内的滑块，可以调整鼠标指针在屏幕上的移动速度。

以上设置完毕后，单击“确定”按钮。

9. 创建和切换用户账户

（1）创建用户。

创建新账户“test”，具体操作方法如下。

① 在“控制面板”窗口中单击“用户账户”图标，打开“用户账户”窗口。

② 单击“管理其他账户”文本链接，打开“管理账户”窗口。

③ 单击“创建一个新账户”文本链接，打开“创建新账户”窗口。

④ 输入新账户名称“test”，并根据想要指派给新账户的账户类型，选择“标准用户”或“管理员”选项，然后单击“创建账户”按钮。

（2）切换账户。

由当前账户切换至“test”账户的具体方法如下。

选择“开始”→“关机”→“切换用户”命令，然后选择另一个账户“test”。

操作练习

（1）将D盘重命名为“软件”。

（2）打开“磁盘碎片整理”程序，分析C、D、E盘是否需要进行碎片整理，若分析结果提示需要整理，试整理一个分区。如果整理时间较长，可单击“停止操作”按钮停止。

（3）对C盘进行磁盘清理。

（4）将桌面背景设置为自己喜欢的一幅画。

（5）设置屏幕保护程序，使计算机持续10分钟未使用时自动运行屏幕保护程序。

（6）将显示器的刷新率设置为85赫兹。

（7）将系统日期设置为 2018 年 10 月 18 日。

（8）将系统时间格式改为 HH:mm:ss。

（9）将负数格式更改为（1.1），小数保留位数为 6 位。

（10）将鼠标的双击速度设置为比较适合自己的速度。

（11）将“微软拼音简捷 2010”输入法设置为计算机默认输入法。

（12）添加“简体中文全拼”输入法。

（13）试利用“控制面板”窗口中的“程序和功能”卸载一个软件，如 QQ。

（14）创建以自己的学号为名的用户账户，并切换至自己的账户。

第2章 文字处理软件 Word 2010

知 识 要 点

1. Word 2010 的窗口

启动 Word 2010 后，系统会自动建立一个名为“文档 1”的空白文档。Word 2010 的窗口主要由标题栏、功能区、文档编辑区、状态栏、视图切换区和比例缩放区等组成。

2. 创建新文档

启动 Word 的同时，系统会自动创建一个空白的新文档。此外，还可以选择“文件”选项卡→“新建”命令，在打开的“可用模板”设置区域中双击“空白文档”选项，即可创建空白文档。Word 2010 也提供了使用模板的方式创建新文档。

3. 文档的打开、保存和关闭

Word 2010 提供了打开已有文档的很多方法，可以通过双击文档图标，或者在 Word 2010 中用菜单的方式打开文档。

保存文档分为手动保存文档、自动保存文档，以及保存时用密码保护文档。每种方式分别根据用户的需求进行设定。

关闭文档时，对于没有进行保存的文档将会弹出提示对话框，提示保存。

4. 文本的编辑

在 Word 2010 中，对于文档中的任何部分进行排版等操作，首先要选中相应的文本内容。有多种选取文本的方式，包括连续与不连续字符的选定，字符块、行、段及整篇文档的选择。

选择了相应的文本之后可以实现复制、移动功能，该功能可以使用鼠标或者快捷键的方式实现。

5. 字体与段落设置

字符格式选项包括字体、字号、字型（如加粗、倾斜、下画线）、字符间距、字符边框、字符底纹等。

在输入文档的过程中，每按一次Enter键表示换行并且开始一个新的段落，这时就在文字末尾加上了一个段落标记。段落格式的设置包括调节段落的缩进、对齐方式、段落间距及段落内的行间距等。

6. 项目符号和编号

在编辑文档时，用户可能会用到类似 1、2、3、4……的编号或类似●、◆、■、□……的符号来强调顺序或突出要点，从而增加文档的可读性。Word 提供了自动创建项目符号和编号的功能。

7. 分栏与首字下沉

分栏是文档中最常用的编辑功能之一。通过分栏，用户可以将一段文档分隔为几栏显示。首字下沉是指将段落中的第一个字符放大，下沉一定的行数，在文档编辑中起强调的作用。

8. 边框和底纹

Word 2010 中除了可以使用“开始”选项卡→“字体”组中的“字符边框”按钮A和“字符底纹”按钮A对文档字符进行底纹和边框的设置外，还专门提供了“边框和底纹”对话框对文档中的文字、段落、页面等内容进行设置。

9. 页眉和页脚

在页面格式中最常用的“点缀”就是页眉和页脚，页眉和页脚通常出现在页面的上、下页边距区域中。页眉和页脚中一般包括文档名、主题、作者姓名、页码或日期等内容。创建一篇文档的页眉和页脚有两种情况，可以是首次进入页眉、页脚编辑区，也可以是在已有页眉、页脚的情况下进入编辑状态。如果是在已经存在页眉、页脚编辑区的情况下，可以双击页面的顶部或底部的页眉、页脚区域，即可快速进入页眉、页脚编辑区。

10. 页面设置

设置页面是文档基本的排版操作，是页面格式化的主要任务，它反映的是文档中具有相同内容、格式的设置。通常情况下，用户根据 Word 的默认页面设置，即可建立一份规范的文档。同时用户也可根据自己的需要修改页面设置。

11. 插入图片与设置图片格式

在 Word 中，用户可以方便地插入图片，并且可以把图片插入在文档的任何位置，达到图文并茂的效果。在 Word 中，用户可以从收藏集中插入剪贴画或图片，也可以从其他应用程序或位置插入图片或扫描图片。

通常情况下，在文档中选定图片，Word 的功能区会自动弹出“图片工具”选项卡，使用该选项卡可以对图片的样式、颜色、对比度、亮度、对齐方式、旋转方向等内容进行相应的设定。

12. 插入艺术字

Word 提供了专门制作艺术字的功能，并且可以对已设定的艺术字的格式、颜色、对齐方式等内容做相应的设定。

13. 插入形状

使用 Word 时，经常需要绘制各种形状。可以通过“插入”选项卡→“插图”组中的“形状”按钮绘制所需的形状，如线条、矩形、基本形状、流程图元素、星与旗帜、标注等。同时可以为形状对象添加文字、使形状实现旋转或翻转、阴影和三维立体效果等。

14. 使用数学公式

在编辑有关自然科学的文章时，用户可能经常会遇到各种数学公式。数学公式的结构比较复杂而且变化形式极多。在 Word 中借助“公式工具”能以直观的操作方法帮助用户生成各种公式。无论是简单的求和公式，还是复杂的矩阵运算公式，用户都能通过“公式工具”栏轻松自如地进行编辑。

使用数学公式模板创建数学公式之前，先认识数学公式模板中的占位符。公式模板主要采用占位符的方法，来布置公式各个部分。

15. 文本框的使用

在文本框中，可以像处理一个新页面一样来处理文字，如设置文字的方向、格式化文字、设置段落格式等。文本框有两种：一种是横排文本框，在操作中称为插入文本框；另一种是竖排文本框，它们只是文本的方向不一样。

16. 表格

创建表格时可以根据不同的需要选择不同的创建方法。在创建完表格之后，用户可以根据需要对表格进行编辑，包括增加、删除行或列，以及对文本、数据的内容进行编辑和计算。在制作表格时，有时可能需要将相邻的多个单元格合并成一个单元格或者将一个单元格拆分成多个单元格。

在表格中可以根据需要设定列宽与行高。Word 提供了多种方式进行设定。在表格中输入文本之后，可以修改表格中文字的方向。Word 同时提供了对表格中的数据进行计算的功能，另外表格中还能插入图片。

17. 格式刷

在同一文档中，往往会对多处文本应用相同的格式，若逐一对这些文本进行相同的格式设置不仅浪费时间，而且稍不注意容易设置错误，“格式刷”工具可以轻松解决问题。格式刷的应用分两种：单击格式刷进行一次格式复制和双击格式刷进行任意次格式复制。

18. 样式

用户可以使用 Word 编辑字符格式和段落格式繁杂的文档。但是 Word 提供的格式选项非常多，如果每次设置文档格式时都逐一进行选择，将会花费很多时间。样式是应用于文本的一系列格式特征，利用它可以快速改变文本的外观。当用户定义了样式后，只需简单地选择样式名就能一次应用该样式中包含的所有格式选项。

样式分为字符样式和段落样式。字符样式包括字符格式的设置，如字体、字号、字型、位置和间距等。段落样式包括段落格式的设置，如行距、缩进和对齐方式等，段落样式也可以包括字符样式或字符格式选项。

19. 邮件合并

Word 2010 的邮件合并功能可以方便地获取 VFP 或者 Excel 等应用程序中的数据。可以在 Word、Excel 或 VFP 中先组织好收信人的有关信息（数据源），再在 Word 中创建好每封信相同的部分，在不同的地方插入“域”，然后将邮件合并，生成所有信函。

20. 超链接

为了方便用户查看相应的文档内容，Word 提供了超链接功能，使用户只要单击链接对象就可以打开相应目标文档。链接对象可以是文字、图片、网页等。插入超链接的方式有两种：一种是本文档内的链接；另一种是多文档之间的链接。

21. 目录

目录的功能就是列出文档中各级标题及各级标题所在的页码。通过目录，用户可以对文章的大致纲要有所了解。在利用 Word 2010 提供的“目录”之前，必须确定每一级标题使用的是系统中预设“样式”中的标题样式或者新建的标题样式。

2.1 实验 1 文档的基本排版

实验目的

（1）掌握 Word 的启动与退出方法，熟悉 Word 2010 的工作界面。
（2）掌握 Word 文档的创建、保存和打开方法。
（3）掌握 Word 文档的录入及文本的增加、删除、修改、移动和复制等编辑操作。
（4）掌握文字的查找、替换等基本编辑方法。
（5）掌握文字的格式化。
（6）掌握段落的格式化。
（7）掌握项目符号和编号的使用。
（8）掌握边框和底纹的使用。
（9）掌握文档的分栏与分节方法。
（10）掌握页面设置方法。

实验内容

新建 Word 文档并输入以下文字，以“myword.docx”为文件名保存，并按实验要求对文本进行排版，效果如图 2-1 所示。

不用键盘，扔掉鼠标，能辨声识像的未来计算机将带来一种新的人机交流模式。Microsoft 公司最近的一项分析报告描绘出了计算机新的未来之路，与计算机之间的生理界限将在 10 年后彻底消失。那么，未来十年，计算机将怎样与您亲密接触？

Microsoft 公司发布的一项题为《人类的本质：2020 年的人机交互》的分析报告称，人与计算机之间的生理界限将在 10 年后彻底消失。与此同时，人类对技术的依赖将有所增强，人们日常使用的鼠标、键盘和显示器等常规媒介将发生变化，变成更为直观的媒介，如触摸屏输入系统和声音识别系统。那么，到了 2020 年，计算机将发展到什么程度？人机之间的生理界限真的会消失吗？

随着计算机、电视、手机、PDA 等的融合趋势越来越明显，新一代人机交互系统孕育而生，如触摸式、视觉型及声控界面都将被广泛应用到计算机领域。因此，当人机交互装置从“鼠标、键盘时代”走向“触摸式”、“声控界面”或“视觉型”时，人机之间的生理界限将逐步消失，乃至彻底消失。到那个时候，人类可以直接通过语言和机器进行交流，甚至只需要一个眼神、一个手势，计算机就能很快地做出反应，见机行事。另外，在未来，一些超微型的计算机系统将被植入人体，充当人的感觉、生理器官，由此计算机与人会复合成一体，界限消失。

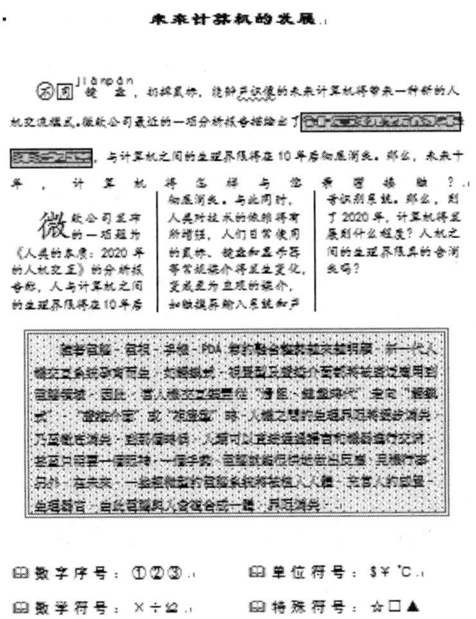

未来计算机的发展

不用 jiànpán 键盘，扔掉鼠标，能够声识像的未来计算机将带来一种新的人机交流模式。微软公司最近的一项分析报告描绘出了[计算机新的未来之路]，与计算机之间的生理界限将在10年后彻底消失。那么，未来十年，计算机将怎样与您亲密接触？

微软公司最近的一项题为《人类的未来：2020年的人机交互》的分析报告称，人与计算机之间的生理界限将在10年后彻底消失。与此同时，人类对技术的依赖将有所增强，人们日常使用的鼠标、键盘和显示器等常规媒介将发生变化，变成更为直观的媒介，如触摸屏输入系统和声音识别系统。那么，到了2020年，计算机将发展到什么程度？人机之间的生理界限真的会消失吗？

数字序号：①②③　　单位符号：$￥℃

数学符号：×÷≌　　特殊符号：☆□▲

图 2-1　排版效果

1. 实验要求

（1）在文档的最前面插入标题“未来计算机的发展”。

（2）将标题设置为标题 3 样式，字体设置为隶书，并居中显示。

（3）将所有正文文字设置为小四号字、楷体。

（4）将正文第一段中的“计算机新的未来之路”设置为华文彩云字体，加字符边框和字符底纹，字体颜色为红色，字符放大到 200%。

（5）将所有正文首行缩进 2 个字符，段前间距设为 1 行。

（6）将正文第一段的段前间距设为 2 行，分散对齐。

（7）将最后一段左右各缩进 2 个字符，段后间距设为 2 行，行间距设为固定值 20 磅。

（8）将文中的“Microsoft”替换成“微软”。

（9）将第一段的“不用键盘”4 个字分别设置为如图 2-1 所示的带圈字符和拼音标注，圈号为“增大圈号”，拼音大小为 12 磅。

（10）将最后一段文字转换为繁体字。

（11）为最后一段添加 1.5 磅的蓝色双线边框，并给该段落加底纹，底纹效果是填充“茶色，背景 2”颜色、10%的红色图案。

（12）为正文第二段设置如图 2-1 所示的首字下沉效果（下沉 2 行）。

（13）将正文第二段分为 3 栏，栏宽相等，栏间距为 2 个字符，加分隔线。

（14）在文档末尾输入以下文字和符号，字号为四号，黑体字，字符间距设置为加宽 1.5 磅。加入如图 2-1 所示的红色项目符号，并分为两栏。

数字序号：①②③

数学符号：×÷≌

单位符号：$￥℃

特殊符号：☆□▲

（15）插入页脚，内容为姓名和日期（使用日期域），将字体设置为四号楷体，并居中排列。

（16）将文档的上、下页边距设置为4厘米，左、右页边距设置为3.5厘米。

2. 实验步骤

（1）选择“开始”→“所有程序”→“Microsoft Office”→“Microsoft Word 2010”命令，打开Word 2010窗口，熟悉Word 2010的工作界面和各个组成部分，如图2-2所示。

图2-2　Word 2010窗口

（2）输入所有文字，并将文档保存为“myword.docx”。

（3）将光标定位到文档的最前面，按Enter键插入一个新的段落，在新的段落中输入标题“未来计算机的发展”。

（4）选中标题内容，在“开始”选项卡→“样式”组的“样式”下拉列表中选择“标题3”样式，在“字体”组的“字体”下拉列表中选择“隶书”字体，最后单击“段落”组中的“居中”按钮。

（5）选定除标题以外的段落，在“开始”选项卡→“字体”组的“字体”下拉列表中选择“楷体”字体，在“字号”下拉列表中选择“小四”字号。

（6）选中正文第一段的“计算机新的未来之路”，在“开始”选项卡→“字体”组的“字体”下拉列表中选择“华文彩云”字体，单击“字符边框”按钮加边框，再单击“字符底纹”按钮加底纹，在“字体颜色”下拉列表中，选择红色，单击“字体”组右下角的扩展按钮，弹出“字体”对话框，在“高级”选项卡中单击“缩放”下拉列表，选择“200%”放大字符，如图2-3所示，单击“确定”按钮。

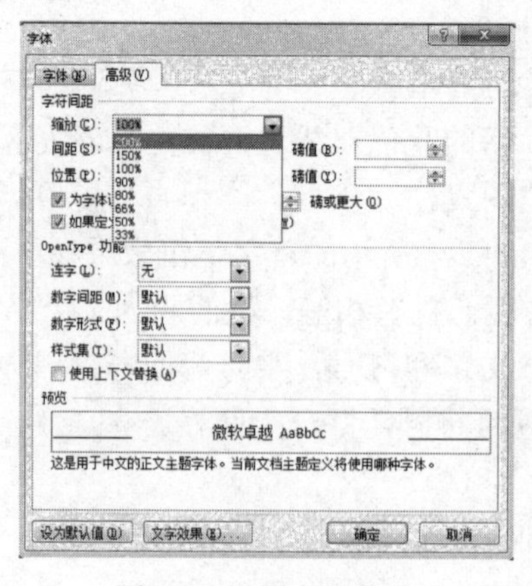

图2-3　设置字符缩放

（7）选中所有正文段落，单击“开始”选项卡→“段落”组右下角的扩展按钮，弹出“段落”对话框，如图 2-4 所示。选择“缩进和间距”选项卡，单击“特殊格式”下拉列表，并选择“首行缩进”选项，在“磅值”框中设置为“2 字符”；在“段前”框中输入“1 行”。单击“确定”按钮。

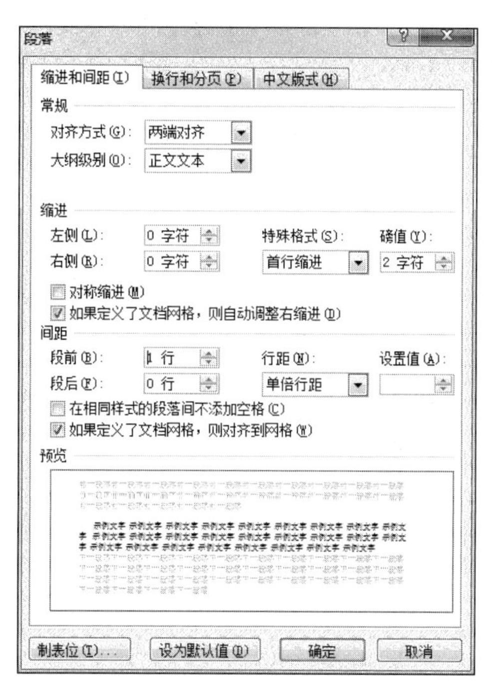

图 2-4　“段落”对话框

（8）将光标置于正文的第一段，在如图 2-4 所示的“段落”对话框中选择“缩进和间距”选项卡，单击“对齐方式”下拉列表，选择“分散对齐”选项，在“段前”框中输入“2 行”，单击“确定”按钮。

（9）将光标置于正文的最后一段，在如图 2-4 所示的“段落”对话框中，选择“缩进和间距”选项卡，在“缩进”的“左侧（L）”和“右侧（R）”框中输入“2 字符”，在“段后”框中输入“2 行”，单击“行距”下拉列表，选择“固定值”选项，在“设置值”框中输入“20 磅”，单击“确定”按钮。

操作提示

（1）要在文本的最前面插入标题，只要将光标定位到文章最前面，按 Enter 键插入空行，然后在新行中输入标题。

（2）设置标题样式时，首先选中标题内容，然后在“开始”选项卡→“样式”组的“样式”下拉列表中选择需要的样式。

（3）设置字符格式一般在“开始”选项卡的“字体”组中设置。选定要设置格式的文字，然后在“字体”下拉列表中选择字体；在“字号”下拉列表中选择字号；单击“字体颜色”下拉列表设置字体颜色；单击“字符边框”和“字符底纹”按钮设置默认的边框和底纹。

设置字符格式时，也可以单击“字体”组右下角的扩展按钮，弹出“字体”对话框，在该对话框中可以更详细地设置文字的字体格式，如文字的字体、字型、字号、颜色、下画线线型、下画线颜色、上下标、字符间距、字符位置等。

（4）设置段落格式时，如果只设置一个段落的格式，只需将光标置于该段落中，不需要选中该段落；如果要同时设置几个段落的格式，必须选中这些段落。

设置段落的对齐方式可以直接使用“开始”选项卡“段落”组中的几个对齐方式按钮。对于其他复杂的段落格式，可以单击“段落”组右下角的扩展按钮，在弹出的“段落”对话框中设置。

（10）将光标置于文档的开始处，单击“开始”选项卡→“编辑”组中的“替换”按钮，弹出“查找和替换”对话框，如图 2-5 所示。在“查找内容”文本框中输入“Microsoft”，在“替换为”文本框中输入“微软”。单击“全部替换”按钮，Word 会将文档中所有的“Microsoft”替换为“微软”，并显示提示信息“Word 已完成对文档的搜索并已完成 2 处替换”。

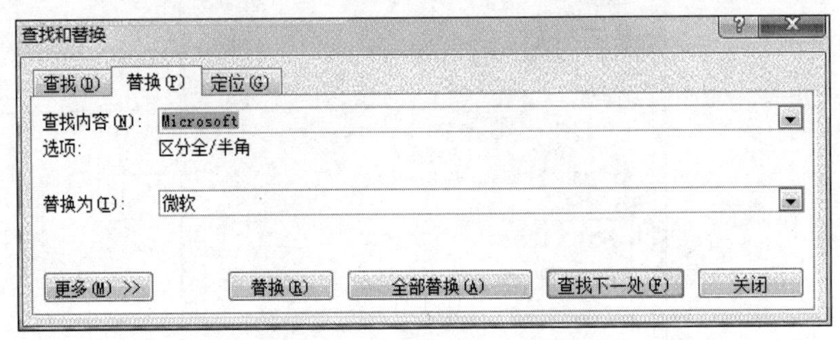

图 2-5 “查找和替换”对话框

（11）选中“不”字，单击“开始”选项卡→“字体”组中的“带圈字符”按钮，弹出“带圈字符”对话框，如图 2-6 所示，在“样式”选项区域选择“增大圈号”选项，在“圈号”列表中选择圆圈，单击“确定”按钮。用同样的方法为“用”字设置矩形圈。

选中“键盘”两字，单击“开始”选项卡→“字体”组中的“拼音指南”按钮，弹出“拼音指南”对话框，如图 2-7 所示，在“字号”下拉列表中选择“12”磅，单击“确定”按钮。

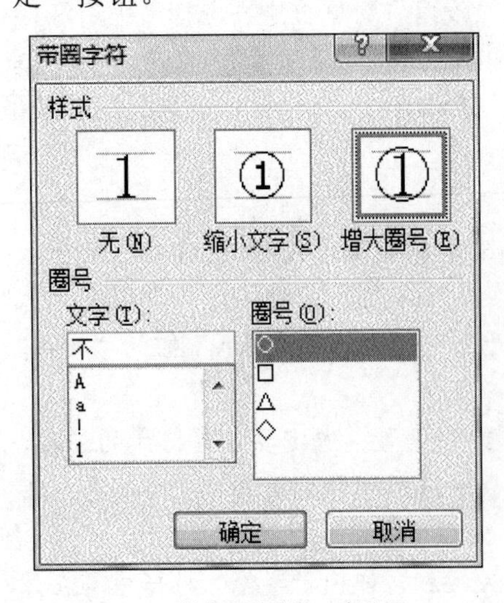

图 2-6 “带圈字符”对话框

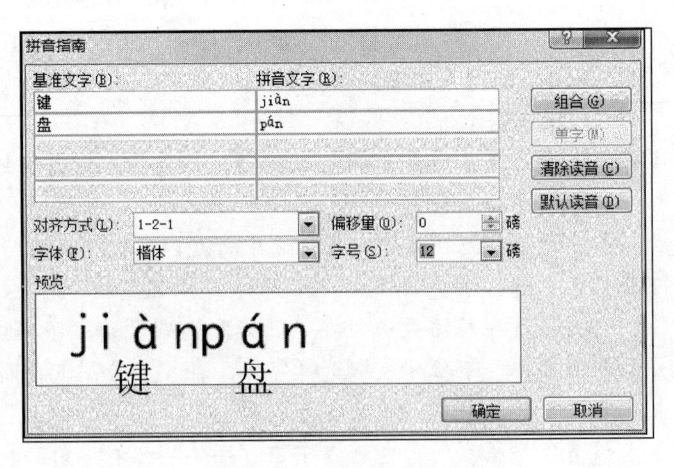

图 2-7 “拼音指南”对话框

（12）选中最后一段文字，单击“审阅”选项卡→“中文简繁转换”组中的“简转繁”按钮，可以将最后一段文字转换为繁体字。

（13）选中最后一段，单击“开始”选项卡→“段落”组中的“下框线”下拉按钮，选择“边框和底纹”选项，弹出如图 2-8 所示的“边框和底纹”对话框，选择边框类型为“方框”，样式为“双线”，颜色为“蓝色”，宽度为“1.5 磅”，在“应用于”下拉列表中选择“段落”选项，然后单击“确定”按钮即可。

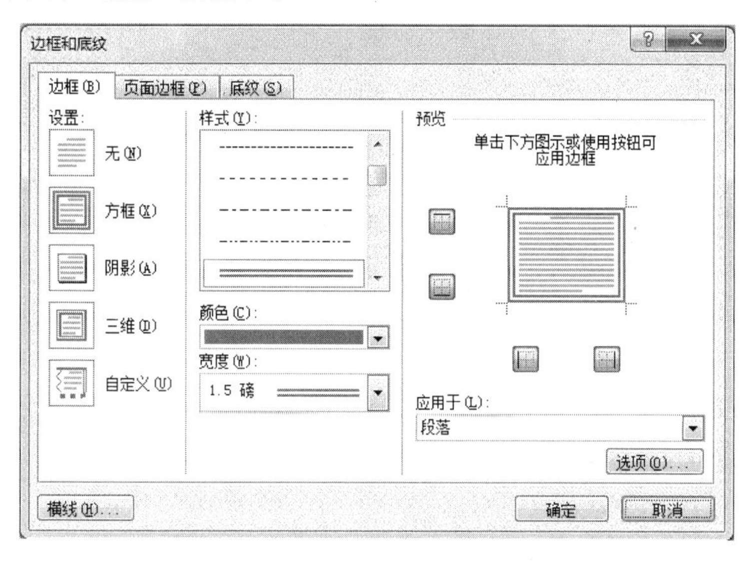

图 2-8 “边框和底纹”对话框的“边框”选项卡

（14）选中最后一段，在如图 2-8 所示的“边框和底纹”对话框中选择“底纹”选项卡，在“填充”下拉列表中选择“茶色，背景 2”选项，在“图案”选项区域的“样式”下拉列表中选择“10%”选项，在“图案”选项区域的“颜色”下拉列表中选择“红色”选项，在“应用于”下拉列表中选择“段落”选项，设置效果如图 2-9 所示，然后单击“确定”按钮。

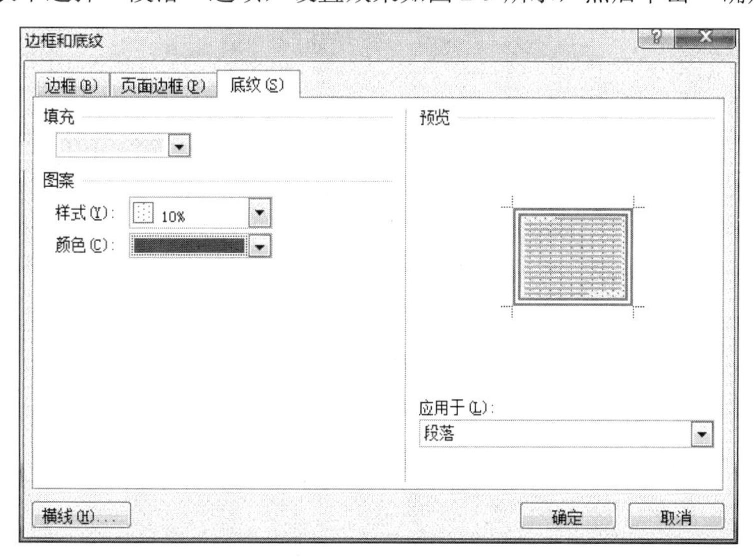

图 2-9 “边框和底纹”对话框的“底纹”选项卡

（15）将光标置于正文第二段，单击“插入”选项卡→“文本”组中的“首字下沉”下拉列表，在弹出的列表中选择“首字下沉选项”选项，弹出如图2-10所示的“首字下沉”对话框。选择“下沉”式的首字下沉位置，在“下沉行数”文本框中输入或选择“2”，然后单击“确定”按钮。

（16）选择第二段中除下沉的文字之外的所有文字，单击“页面布局”选项卡→“页面设置”组中的“分栏”下拉列表，在弹出的列表中选择“更多分栏”选项，弹出如图2-11所示的“分栏”对话框。在“预设”选项区域中选择“三栏”选项，选中“栏宽相等”复选框，栏“间距”设为“2字符”，选中“分隔线”复选框以加入分隔线，最后单击“确定”按钮。

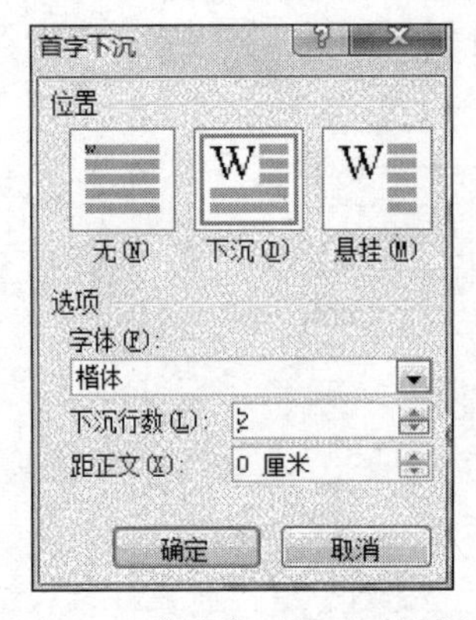

图2-10 “首字下沉”对话框

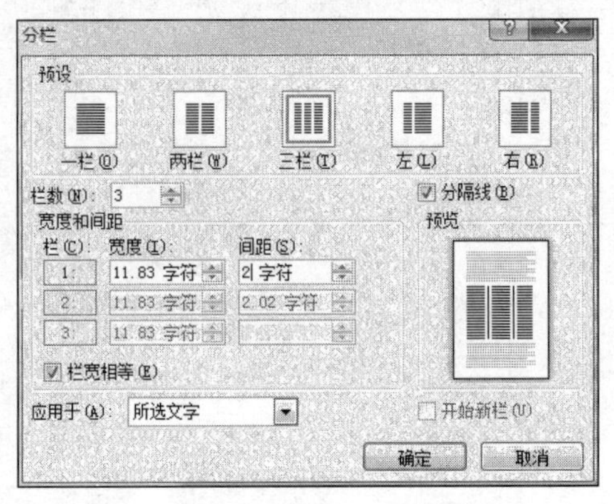

图2-11 “分栏”对话框

（17）单击文档最后一段之后的空白位置，使插入点移动到文档末尾，输入文字和符号。其中，符号的输入方法是单击“插入”选项卡→“符号”组中的“符号”下拉列表，在弹出的列表中选择“其他符号”选项，弹出如图2-12所示的“符号”对话框，选择要插入的符号，单击“插入”按钮，即可在插入点所在位置插入该符号。文字和符号输入完后，选中文字和符号，在“开始”选项卡的“字体”组中，将字符格式设置为：黑体、四号字、字符间距加宽1.5磅。

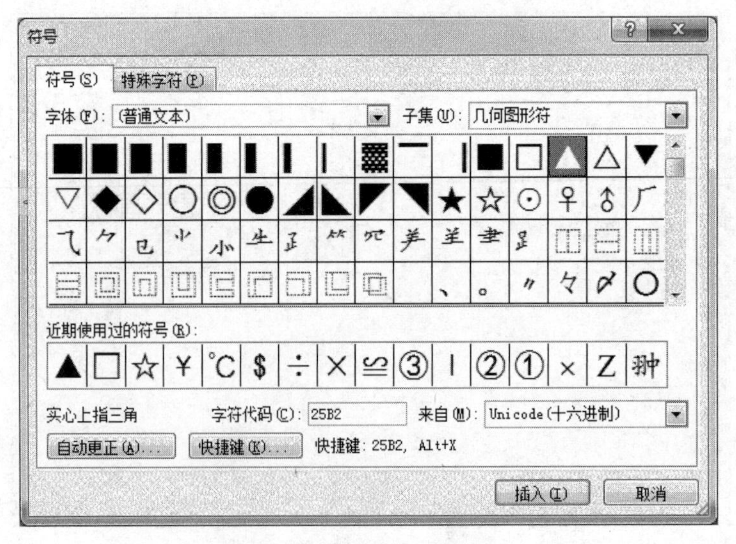

图2-12 “符号”对话框

选中要添加项目符号的4段文字和符号段落，单击“开始”选项卡→“段落”组中的“项目符号”下拉列表，在弹出的列表中选择“定义新项目符号”选项，弹出如图2-13所示的“定义新项目符号”对话框。单击“符号”按钮，弹出“符号”对话框，选中第一行第七列的“打开的书本”样式的项目符号，然后单击“确定”按钮，返回“定义新项目符号”对话框，再单击“字体”按钮，在“字体”对话框中将项目符号的字体颜色设置为红色，最后单击“确定”按钮，即可得到要求的项目符号格式。

要对这4段文字和符号分栏，首先必须选中这4个段落，分栏方法在前面已说明。要注意的是，如果要分栏的内容包含文档的最后一段，分栏可能会不均匀，即出现分栏内容全部显示在左边一栏或者左右两栏不对称的情况，这时只需要在选中这4段内容时，不选中文档最后的回车标记即可。

（18）单击“插入”选项卡→“页眉和页脚”组中的“页脚”下拉列表，在弹出的列表中选择“空白页脚”样式，则光标切换到页脚区域，在其中输入姓名。再单击“页眉和页脚工具”中“设计”选项卡→“插入”组中的“日期和时间”按钮，弹出“日期和时间”对话框，从中选择需要的日期格式，单击“确定”按钮即可。再选中姓名和日期，在“开始”选项卡中为其设置字体为四号楷体，居中排列。设置完成后，单击“页眉和页脚工具”中“设计”选项卡→“关闭”组中的“关闭页眉和页脚”按钮，退出页脚编辑状态。

（19）单击“页面布局”选项卡→“页面设置”组中的“页边距”下拉列表，在弹出的列表中选择“自定义边距”选项，弹出“页面设置”对话框，如图2-14所示，选择“页边距”选项卡，可以按要求设置上、下页边距为4厘米，设置左、右页边距为3.5厘米。

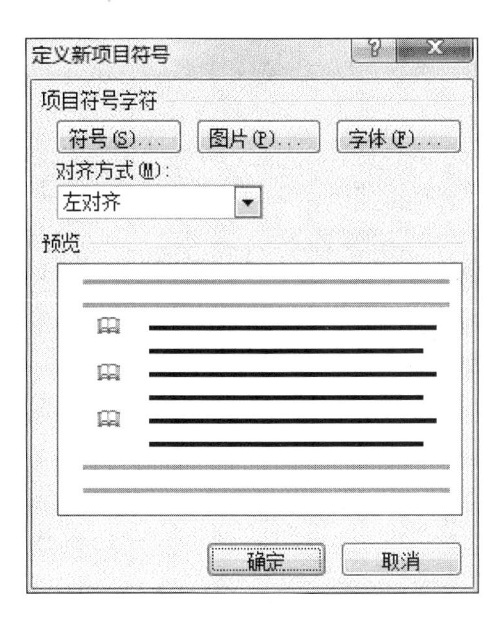

图2-13　“定义新项目符号”对话框

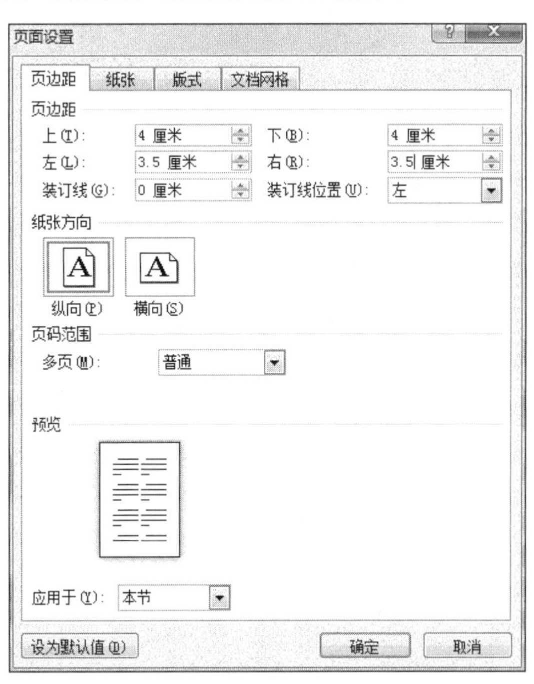

图2-14　“页面设置”对话框

（20）保存排好版的文档。

操作练习

（1）新建一个 Word 文档并输入以下几段文字，保存到 D 盘根目录，文件名为“exam.docx”。

人们使用计算机，就是要利用计算机处理各种不同的问题，而要做到这一点，人们就必须事先对各类问题进行分析，确定解决问题的具体方法和步骤，再编制好一组让计算机执行的指令（即程序），交给计算机，让计算机按人们指定的步骤有效地工作。这些具体的方法和步骤，就是解决一个问题的算法。这就是算法的概念。

一个算法应该具有以下 5 个重要的特征。

有穷性：一个算法必须保证执行有限步之后结束。

确定性：算法中每一条指令必须有确切的含义，读者理解时不会产生二义性。

输入：一个算法有零个或多个输入，以表示运算对象的初始情况。

输出：一个算法有一个或多个输出，没有输出的算法是毫无意义的。

可行性：即算法中描述的操作都是可以通过已经实现的基本运算执行有限次来实现的。

根据算法，依据某种语言规则编写计算机执行的命令序列，就是编制程序。而书写时所应遵守的规则，即为某种语言的语法。由此可见，程序设计的关键之一是解题的方法与步骤即算法。学习高级语言的重点，就是掌握分析问题、解决问题的方法，就是锻炼分析、分解能力，最终归纳整理出算法的能力。在高级程序设计语言的学习中，一方面应熟练掌握该语言的语法，因为它是算法实现的基础；另一方面必须认识到算法的重要性，加强思维训练，以写出高质量的程序。

（2）删除第一段的最后一句话。在第一段之前插入文字“算法的概念”作为本文的标题，将文档保存至桌面，文件名为“算法的概念.docx”。

（3）将正文中所有的“计算机”替换成“computer”。

（4）将标题文本设置为楷体、小一号、加粗、居中对齐，正文字体设置为宋体，字号为小四号。

（5）为第一段文字设置双下画线标记，为第二段文字加着重号，为第八段第一句文字加边框和底纹。将第八段中“学习高级语言的重点，就是掌握分析问题、解决问题的方法，就是锻炼分析、分解能力，最终归纳整理出算法的能力。”的字体颜色设置为红色。

（6）将第一段设置为首行缩进 2 个字符。将第二段设置为左缩进 3 个字符、右缩进 4 个字符。将第八段的段前间距设置为 1 行，段间行距设置为 2 倍行距。

（7）在文档中分页，使文档第二段及其后的内容另起一页，然后撤销该操作。

（8）将第二段中“重要的特征”字体设置为隶书，并使用“格式刷”将后面的“有穷性”、“确定性”、“输入”、“输出”、“可行性”设置为与其相同的格式。

（9）将第八段分为栏宽相等的两栏，加分隔线。

（10）为第一段设置首字下沉效果，下沉行数为 2 行。

（11）为第八段设置边框和底纹，并为整篇文档设置艺术型边框。

（12）将文档纸张大小设置为 16 开，并将文档的上、下边距调整为 2.2 厘米，左、右边距调整为 3.0 厘米。

（13）在文档的第一个逗号后面插入一个连续型的分节符。

（14）在文档末尾的下一行插入日期或时间，并要求日期和时间能够自动更新。

（15）在第一段的第一个“computer”之后插入脚注“计算机”。

（16）为文档设置页眉“算法的概念”，在页脚右端插入页码。

2.2　实验 2　图文混排与表格操作

实验目的

（1）掌握 Word 文档中图片的插入方法。

（2）掌握 Word 文档中文本框的建立和使用。

（3）掌握 Word 中简单的图形绘制、排版等。

（4）掌握 Word 中简单的表格绘制、排版。

实验内容

假设你是关键点技术有限公司的一名 HR，现要将“关于 2015 年 12 月信息体系 PDF 资质认证申报通知”排版下发给公司员工，要求通知内容清晰，排版美观大方。

（1）设置标题文本的字体和段落格式。

① 选中标题文本“关于 2015 年 12 月信息体系 PDF 资质认证申报通知”，单击“开始”选项卡→“字体”组中的按钮，将所选文本设置为“黑体”、“加粗”，字号为“小三”。

② 单击“开始”选项卡→“段落”组右下角的扩展按钮，弹出“段落”对话框。单击“缩进和间距”选项卡中“间距”选项区域的“段前”微调按钮，将其设置为“0.5 行”。

（2）将“三、申报过程”部分的“2、评审流程”流程内容改为 SmartArt 图形式，使流程看起来更清晰、美观。

① 将光标定位至“四、申报资格要求”之前，按 Enter 键增加一行。

② 将光标定位至新增加的行，单击“插入”选项卡→“插图”组中的“SmartArt”按钮，弹出如图 2-15 所示的“选择 SmartArt 图形”对话框。在对话框左边一栏选择“流程”类别，然后在对话框中间一栏选择“V 型列表”样式。单击“确定”按钮。

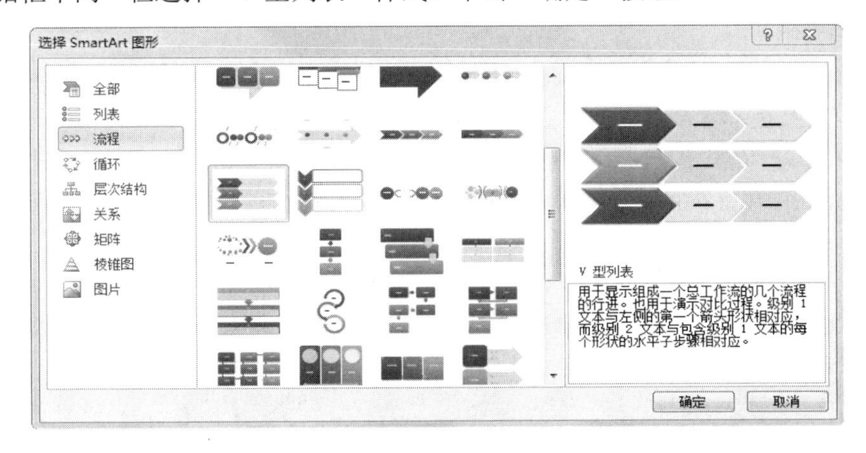

图 2-15　“选择 SmartArt 图形”对话框

③ 此时文档窗口出现如图 2-16（左）所示的“V 型列表”样式的原始 SmartArt 图。选择评审流程中的“L1-L2”。按 Ctrl+X 组合键剪切，在 SmartArt 图左侧第 1 个深蓝色箭头上的文本区单击，按 Ctrl+V 组合键粘贴，此时“L1-L2”就移动至 SmartArt 图左侧第 1 个深蓝色箭头上。按照同样的方法，将“L3-L4”、“L5 及以上”依次移动至 SmartArt 图左侧的深蓝色箭头上，效果如图 2-16（右）所示。“L5 及以上”箭头上文本字数较多，自动分为 2 行排列，可以缩减文本字号，或是将该箭头拉长处理。

图 2-16 “V 型列表”样式的 SmartArt 图

④ 将“员工申报”移动至 SmartArt 图中“L1-L2”右侧第一个浅色箭头，将“上级负责人审核”移动至 SmartArt 图中“L1-L2”右侧第二个浅色箭头。

⑤ 为了增加右侧的浅色箭头数量，可以选择文字“人力资源部审核、组织笔试”，按 Ctrl+X 组合键剪切，然后选中 SmartArt 图中最右侧的“上级负责人审核”浅色箭头（注意，应选择箭头图形，而不是选择箭头上的文本），再按 Ctrl+V 组合键粘贴，此时 SmartArt 图最右侧就又增加了一个浅色箭头，其文本内容为“人力资源部审核、组织笔试”。按照同样的方法依次将“三、申报过程”部分“2、评审流程”下的流程内容移动添加至 SmartArt 图。

⑥ 删除“2、评审流程”下残余的原文本信息。此时效果如图 2-17 所示。

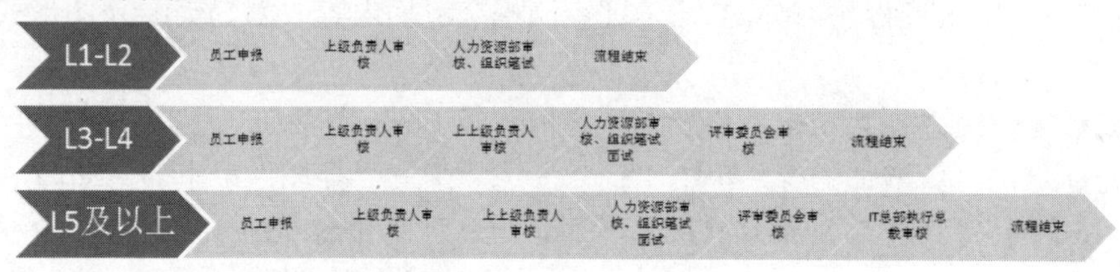

图 2-17 文本输入完毕后的“V 型列表”SmartArt 图

⑦ 浅色箭头上的文本字号较小。从右下角的浅色箭头之外拖动鼠标至左上角浅色箭头，出现一个矩形，被矩形完全覆盖的浅色箭头上的文本框都被选中。单击“开始”选项卡→“字体”组中的“增大字体”按钮，则所有被选中文本框中的文本字号增加一号。单击“开始”选项卡→“字体”组中的“加粗”按钮，将这些文本加粗。此时效果如图 2-18 所示。

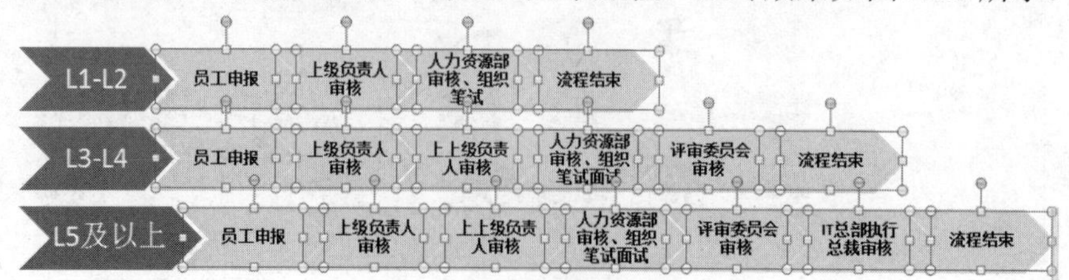

图 2-18 批量编辑字体

（3）根据“四、申报资格要求”下“1、项目经验要求”中的7个要求，设计一个如图2-19所示的表格。

级别	项目经验要求		
	小项目	中项目	大项目
P1	2		
P2	2	2	
P3		3	
P4		2	1
P5		2	2
P6			3
P7-P8			3个以上

图2-19 “项目经验要求”表

① 将光标定位至“四、申报资格要求”下边第3行“（1）P1，要求：小项目2个；”之前，单击“插入”选项卡→“表格”组中的“表格”下拉列表，在弹出的列表中选择“插入表格”选项，弹出“插入表格”对话框。在对话框中“表格尺寸”选项区域的“列数”文本框中输入“4”，在“行数”文本框中输入“9”，单击“确定”按钮，完成基本表格，功能区中自动出现“表格工具”栏。

② 拖动选中第1列第1～2行的两个单元格，单击“布局”选项卡→“合并”组中的“合并单元格”按钮，则这两个单元格被合并为一个单元格。在其中输入文本“级别”。拖动选中表格第1行右边3个单元格，单击“布局”选项卡→“合并”组中的“合并单元格”按钮，则选中的所有单元格合并在一起。在其中输入文本“项目经验要求”。

③ 在第2行右边3个单元格中依次输入“小项目”、“中项目”和“大项目”。

④ 在第1列下边的7个单元格中依次输入“P1”、“P2”、“P3”、“P4”、“P5”、“P6”、“P7-P8”，然后将各级别所要求的小、中、大项目数依次填入。

⑤ 将光标置于表格内，表格左上角出现⊞标识，单击它选中整个表格，单击“布局”选项卡→“对齐方式”组中的“水平居中”按钮，使所有数据水平居中对齐。

⑥ 单击“布局”选项卡→“单元格大小”组中的“自动调整”下拉按钮，在弹出的下拉列表中选择“根据内容自动调整表格”选项。

⑦ 选择表格的第1～2行，单击“设计”选项卡→“表格样式”组中的“底纹”下拉列表，在“主题颜色”选项区域选择“蓝色，强调文字颜色1，淡色80%”选项，为选中行设置底纹颜色。

⑧ 将光标置于表格内，表格左上角出现⊞标识，单击它选中整个表格，单击“设计”选项卡→“绘图边框”组中的“笔划粗细”下拉列表，在弹出的列表中选择“1.5磅”选项，然后单击“设计”选项卡→“表格样式”组中的“边框”下拉列表，在弹出的列表中选择“外侧框线”选项，将整个表格的外框线改为1.5磅粗。

⑨ 选择表格第1～2行，单击“设计”选项卡→“绘图边框”组中的“笔样式”下拉列表，在弹出的列表中选择双线线型，然后单击“设计”选项卡→“表格样式”组中的“边框”下拉

列表，在弹出的列表中选择“下框线”选项，将选中行的下框线改为双线线型。再选中第 1 列，单击“设计”选项卡→“表格样式”组中的“边框”下拉列表，在弹出的列表中选择“右框线”选项，将选中单元格的右框线改为双线线型。

⑩ 选中第 1～2 行所有单元格，单击“开始”选项卡→“字体”组中的“加粗”按钮，将所选文本加粗。将第 1 列所有文本也如此操作。

⑪ 由于表格的第 2～4 列列宽不同，不太美观，所以将鼠标指针移至表格最右侧框线，待鼠标指针变为水平双向箭头后，向右拖动，将最右一列适当拉宽。

⑫ 选择第 2～4 列，单击“布局”选项卡→“单元格大小”组中的“分布列”按钮，则 2～4 列平均分配列宽。此时效果如图 2-19 所示。

⑬ 选中整个表格，单击“布局”选项卡→“表”组中的“属性”按钮，弹出如图 2-20 所示的“表格属性”对话框，在“表格”选项卡中“对齐方式”选项区域选择“居中”选项，单击“确定”按钮。

图 2-20 “表格属性”对话框

⑭ 选择表格下边的（1）～（7）共 7 段文本，按 Delete 键删除。

（4）将几个加粗说明的标题“项目类型定义：”、“以下工作不做项目考虑：”和“项目角色：”加上项目符号，以使上述表格的说明更突出。

选中文本“项目类型定义：”，按住 Ctrl 键的同时再拖动选中“以下工作不做项目考虑：”和“项目角色：”共 3 部分不连续文本，单击“开始”选项卡→“段落”组中的“项目符号”按钮，添加项目符号。

（5）将“四、申报资格要求”下的“2、学习&分享要求”后边从“专业技术序列 B90—>B6”开始共 5 段内容转换成表格形式，如图 2-21 所示。

岗位类别	职级晋升	内部学习/分享要求
专业技术序列	B90—>B6	以学习为主，在一年之内需完成相应的课程学习
	B6—>B7	以学习为主，在一年之内需完成相应的课程学习
	B7—>B8	在申报前一个年度内，在中心内部或 IT 总部层面分享课时≥2H
	B8—>B9	在申报前一个年度内，在 IT 总部层面分享课时≥4H
	B9—>B10	在申报前一个年度内，在 IT 总部层面至少分享课时≥4H，且对外发声至少一次（对外发声指有助于提升关键点公司技术形象的活动，包括但不限于：外部演讲、文章发表等）

图 2-21 文字转换为表格

① 选中“2、学习&分享要求”下边从“专业技术序列 B90—>B6”开始的5段内容，单击“插入”选项卡→“表格”组中的“表格”下拉按钮，在弹出的下拉列表中选择“文本转换成表格”选项，弹出如图2-22所示的“将文字转换成表格”对话框。表格尺寸的列数默认为3，行数为5，单击“确定”按钮。此时选中的文本被放置在一个3列5行的表格内，如图2-23所示。

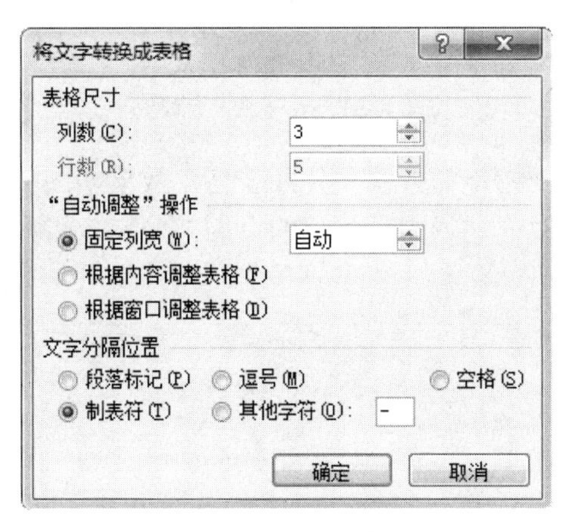

图2-22　“将文字转换成表格”对话框

专业技术序列	B90—>B6	以学习为主，在一年之内需完成相应的课程学习
专业技术序列	B6—>B7	以学习为主，在一年之内需完成相应的课程学习
专业技术序列	B7—>B8	在申报前一个年度内，在中心内部或 IT 总部层面分享课时≥2H
专业技术序列	B8—>B9	在申报前一个年度内，在IT总部层面分享课时≥4H
专业技术序列	B9—>B10	在申报前一个年度内，在IT总部层面至少分享课时≥4H，且对外发声至少一次（对外发声指有助于提升关键点公司技术形象的活动，包括但不限于：外部演讲、文章发表等）

图2-23　文字转换为表格后的效果

② 将光标定位至最左上角的单元格，单击“布局”选项卡→“行和列”组中的“在上方插入”按钮，则在原第1行之上又插入了一行。在新行的3个单元格中依次输入“岗位类别”、“职级晋升”和“内部学习/分享要求”。

③ 选择第1列的第2～6行，单击“布局”选项卡→“合并”组中的“合并单元格”按钮，则选中的所有单元格合并在一起。删除多余的文字“专业技术序列”只保留一份。

④ 将光标放在相邻两列的分割线上，当出现左右双向箭头标志时拖动鼠标改变列的宽度，使表格更加美观。选中第1行所有单元格，单击“布局”选项卡→“对齐方式”组中的“水平居中”按钮，使其中数据水平居中对齐。选中第2行第1列的单元格，同样设置其为水平居中对齐。此时效果如图2-24所示。

岗位类别	职级晋升	内部学习/分享要求
专业技术序列	B90—>B6	以学习为主，在一年之内需完成相应的课程学习
	B6—>B7	以学习为主，在一年之内需完成相应的课程学习
	B7—>B8	在申报前一个年度内，在中心内部或IT总部层面分享课时≥2H
	B8—>B9	在申报前一个年度内，在IT总部层面分享课时≥4H
	B9—>B10	在申报前一个年度内，在IT总部层面至少分享课时≥4H，且对外发声至少一次（对外发声指有助于提升关键点公司技术形象的活动，包括但不限于：外部演讲、文章发表等）

图 2-24　表格初步排版

⑤ 按照上述（3）中⑦～⑩步的方法美化此表格，效果如图 2-21 所示。

（6）制作关键点技术有限公司的文稿标记的页眉部分，效果如图 2-25 所示。

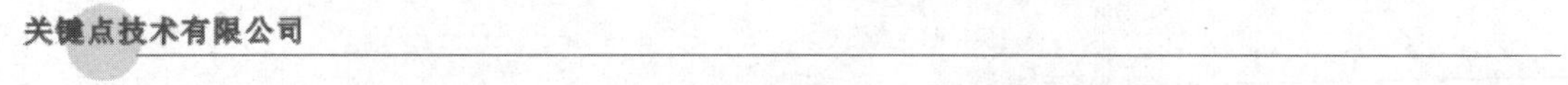

关键点技术有限公司

图 2-25　页眉

① 单击“插入”选项卡→“文本”组中的“艺术字”下拉列表，在弹出的列表中选择 “渐变填充-蓝色，强调文字颜色 1”选项，输入文字“关键点技术有限公司”，并设置其字号为 11。在艺术字边框上单击并拖动至第 1 页页面左上角位置。

② 单击“插入”选项卡→“插图”组中的“形状”下拉列表，在弹出的列表中选择“线条”选项区域的“直线”选项。在页眉位置拖出一条水平直线，此时功能区中自动出现“绘图工具”栏。

③ 单击“插入”选项卡→“插图”组中的“形状”下拉列表，在弹出的列表中选择“基本形状”选项区域的“椭圆”选项。按住 Shift 键的同时在直线左侧拖动鼠标，拉出一个圆，此时功能区中自动出现“绘图工具”栏。

④ 单击“格式”选项卡→“形状样式”组中的“形状填充”下拉列表，在弹出的列表中选择“主题颜色”选项区域的“蓝色，强调文字颜色 1，淡色 80%”选项，再单击“格式”选项卡→“形状样式”组中的“形状轮廓”下拉列表，在弹出的列表中选择“无轮廓”选项。

⑤ 在圆形上右击，在弹出的快捷菜单中选择“置于底层”→“置于底层”命令，将圆形放置在最底层。调整艺术字、圆形和线条的位置，使其效果如图 2-25 所示。

（7）制作关键点技术有限公司的文稿标记的页脚部分，效果如图 2-26 所示。

Keypoint

图 2-26　页脚

① 单击“插入”选项卡→“插图”组中的“形状”下拉列表，在弹出的列表中选择“箭头总汇”选项区域的“五边形”选项，在页面底端拉出一个较长的五边形，此时功能区中自动出现“绘图工具”栏。

② 单击如图 2-27 所示的“格式”选项卡→“形状样式”组右下角的“其他”按钮，在弹出的列表中选择“细微效果-黑色，深色 1”选项，再单击“格式”选项卡→“形状样式”组中的“形状轮廓”下拉列表，在弹出的列表中选择“无轮廓”选项。效果如图 2-28 所示。

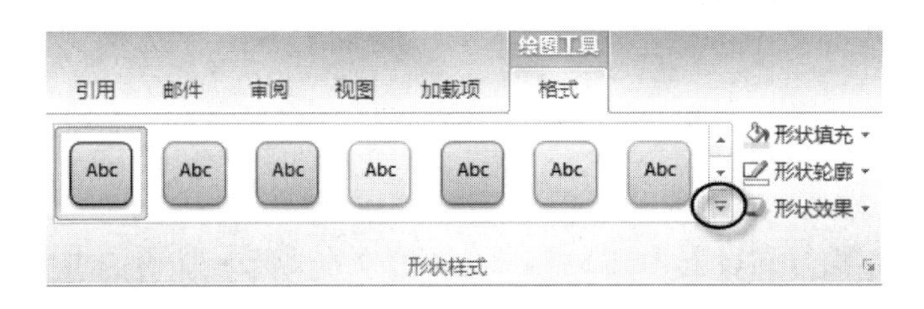

图 2-27　“形状样式”组

图 2-28　五边形

③ 单击“插入”选项卡→“文本”组中的“文本框”下拉列表，在弹出的列表中选择“绘制文本框”选项，在长五边形上拖动出一个文本框，在其中输入“Keypoint”。选中文字，单击“开始”选项卡→“字体”组中的按钮，设置其字体为“Arial Narrow”，字号为“小一”。

④ 在文本框边框上单击选中，单击“格式”选项卡→“形状样式”组中的“形状轮廓”下拉列表，在弹出的列表中选择“无轮廓”选项。单击“格式”选项卡→“形状样式”组中的“形状填充”下拉列表，在弹出的下拉列表中选择“无填充颜色”选项。

⑤ 单击“插入”选项卡→“插图”组中的“形状”下拉列表，在弹出的列表中选择“基本形状”选项区域的“太阳形”选项，在“Keypoint”上方拖动出一个小太阳。

⑥ 选中小太阳，单击如图 2-27 所示的“格式”选项卡→“形状样式”组右下角的“其他”按钮，在弹出的列表中选择“浅色 1 轮廓，彩色填充-橙色，强调颜色 6”选项，此时效果如图 2-26 所示。

⑦ 单击选中小太阳，然后按住 Shift 键的同时单击“Keypoint”文本框和长五边形将它们同时选中，在其上右击，在弹出的快捷菜单中选择“组合”→“组合”命令，将它们组合为一个整体。

⑧ 按住 Ctrl 键的同时拖动组合后的图形可复制它，将新得到的图形其拖动至第 2 页的页面底端。

也可将第 1 页页眉处的内容复制一份至第 2 页页眉处。此时排版效果如图 2-29 所示。

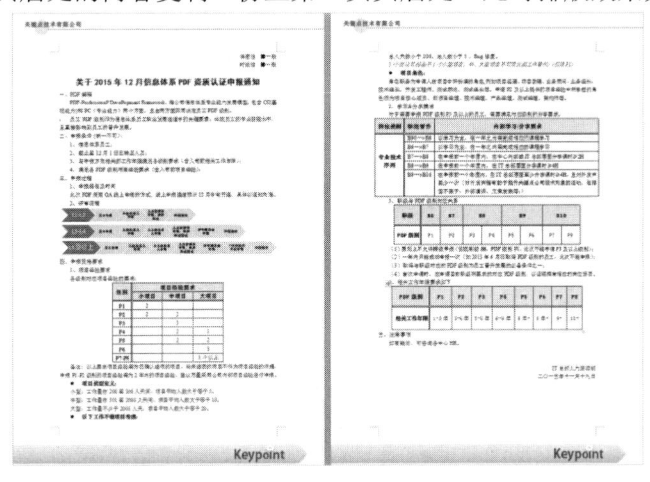

图 2-29　排版完成后的效果

操作练习

（1）制作日程安排表，其要求如下。

① 将表格第一行的行高设置为 1.5 厘米，该行文字为三号加粗，水平居中对齐，并填充黄色的底纹。

② 将表格的各列的宽度设置为根据内容自动调整。

③ 设置表格的边框，外框为 0.5 磅的红色双线，内框为 0.75 磅的蓝色单线。

（2）新建一个 Word 文档，要求有图片、形状、艺术字和文本框，文档内容自定，最后效果如图 2-30 所示。

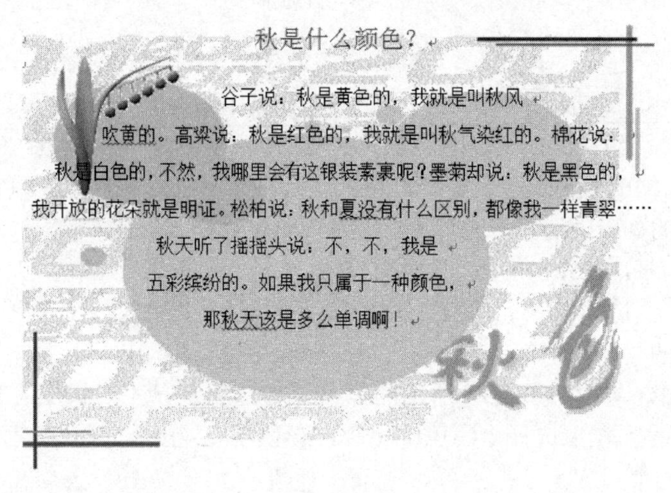

图 2-30　文档参考效果图

2.3　实验 3　邮件合并

实验目的

掌握 Word 2010 中邮件合并的方法。

实验内容

实现批量制作邀请函。

1. 实验要求

根据图 2-31 和图 2-32 所示的源文档和数据源，批量制作邀请函。

要求：将电子表格“邀请人员名单.xlsx”中的姓名信息自动填写到“邀请函”中“尊敬的”3 个字后面，并根据性别信息，在姓名后添加“先生”（性别为男）、“女士”（性别为女）。

邀请函

尊敬的：

兹定于 2018 年 10 月 19 日至 20 日在中南民族大学学术交流中心召开云计算技术交流大会。

云计算研究中心

2018.10.1

图 2-31　邮件合并源文档

	A	B
1	姓名	性别
2	孙良平	男
3	张良	男
4	吴梅	女
5	赵荣	女
6	代磊	男
7	雷军	男

图 2-32　邀请人员名单

2. 实验步骤

（1）打开“邀请函.docx”文档。

（2）单击“邮件”选项卡→“开始邮件合并”组中的“开始邮件合并”下拉列表，在弹出的列表中选择“信函”选项。

（3）单击“邮件”选项卡→“开始邮件合并”组中的“选择收件人”下拉列表，在弹出的列表中选择“使用现有列表”选项，弹出“选取数据源”对话框，找到“邀请人员名单.xlsx”，并选择表格 Sheet1，单击“确定”按钮。

（4）将光标定位至“尊敬的”3 个字之后，单击“邮件”选项卡→“编写和插入域”组中的“插入合并域”下拉列表，弹出列表，列表中列出的是数据源中每列的列名，选择“姓名”选项，则“姓名”域插入到光标所在位置。

（5）单击“编写和插入域”组中的“规则”下拉列表，在弹出的列表中选择“如果…那么…否则…”，弹出“插入 Word 域：IF”对话框，如图 2-33 所示。

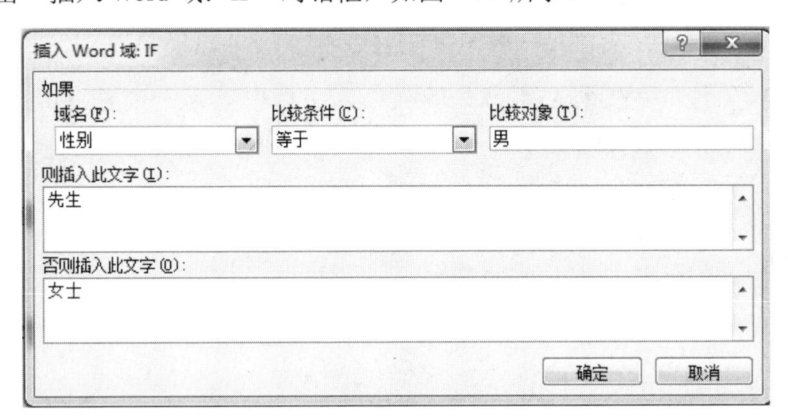

图 2-33　“插入 Word 域：IF”对话框

（6）单击“邮件”选项卡→“完成”组中的“完成并合并”下拉列表，在弹出的列表中选择“编辑单个文档”选项，在弹出的“合并到新文档”对话框中选中“全部”单选按钮，然后单击“确定”按钮。

（7）Word 2010 会自动新建一个文档存放刚刚创建的邀请函，新文档中的每一页对应数据源的每一条记录，新文档第一页中的邀请函如图 2-34 所示。

邀请函

尊敬的孙良平先生：

兹定于 2018 年 10 月 19 日至 20 日在中南民族大学学术交流中心召开云计算技术交流大会。

云计算研究中心

2018.10.1

图 2-34　邮件合并完成之后生成的成绩单

（8）将新生成的文档保存为“信函.docx”。

操作练习

（1）新建一个名为“通知.docx”的主文档，内容如图 2-35 所示。

通知

您好：

公司于 6 月 10 日下午三时召开半年度工作总结会，请按时参加。

人力资源部

2019 年 6 月 8 日

图 2-35　通知主文档

（2）新建一个名为“联系人.docx”的文档，文档中包含一张表格，内容如图 2-36 所示。

部门	职务	姓名
财务部	经理	孙红
保卫部	经理	刘欣
销售部	经理	张磊
技术部	经理	李明超

图 2-36　邮件合并数据源

（3）采用邮件合并功能，完成插入合并域，完成后主文档如图 2-37 所示。

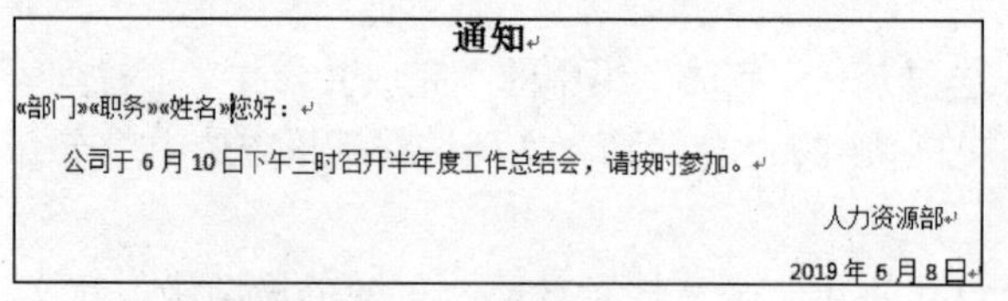

通知

«部门»«职务»«姓名»您好：

公司于 6 月 10 日下午三时召开半年度工作总结会，请按时参加。

人力资源部

2019 年 6 月 8 日

图 2-37　插入合并域之后的主文档

2.4　实验4　Word 综合练习

实验目的

（1）掌握 Word 2010 中艺术字的使用方法。

（2）掌握 Word 2010 中文本框的使用方法。

（3）掌握 Word 2010 中字体的设置方法。

（4）掌握 Word 2010 中页眉、页脚的设置方法。

（5）掌握 Word 2010 中分栏的操作方法。

（6）掌握 Word 2010 中首字下沉的设置方法。

（7）掌握 Word 2010 中插入特殊符号的操作方法。

（8）掌握 Word 2010 中表格的操作方法。

（9）掌握 Word 2010 中插入图片的操作方法。

实验内容

请基于给定文档，制作如图 2-38 所示的一份报名表。

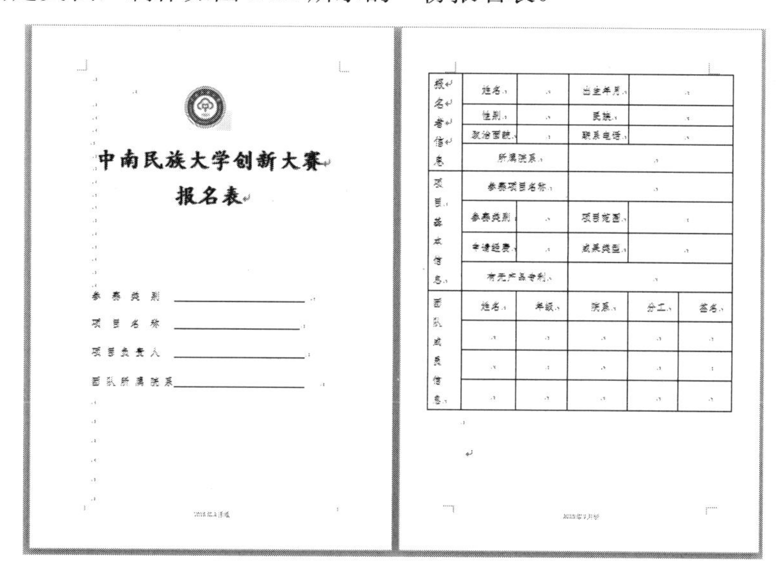

图 2-38　报名表样张

（1）制作第一页：报名表的封面。

① 单击文档首页正文第 4 行行首，确定即将插入内容的位置。

② 单击“插入”选项卡→“文本”组中的“艺术字”按钮 A ，选择第 3 行第 3 列的艺术字类型，即“渐变填充-灰色，轮廓-灰色”，然后在出现的编辑框中输入如图 2-39 的

艺术字内容，且将艺术字的文字格式设为“华文楷体”字体、“小初”字号。并适当调整艺术字对象为适当大小以使文字内容完全显示。

③ 选中刚插入的艺术字对象，然后单击“绘图工具”栏“格式”选项卡→“艺术字样式”选项组中，将“文字填充”选为“黑色，文字 1”、“文本轮廓”选为“无轮廓”。

④ 双击文档首页中部靠下的空白位置，输入封面余下内容，具体方法为：输入文字“参　赛　类　别　”(间隔为两个空格)，并设置文字的字体为“仿宋”、字号为“三号”。然后单击“开始”选项卡→“字体”组中的“下画线”按钮，连续按空格键输出一串下划线。按 Enter 键换行，单击“开始”选项卡→“字体”组中的“下画线”按钮，取消下画线效果。用同样的方法输入另外 3 行内容，如图 2-40 所示。

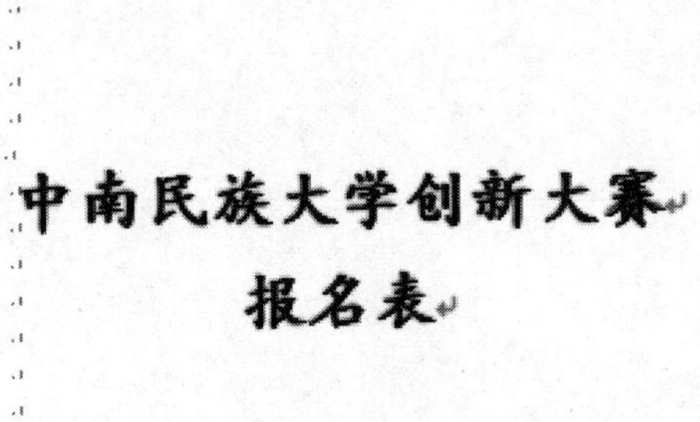

中南民族大学创新大赛

报名表

图 2-39　封面艺术字样张

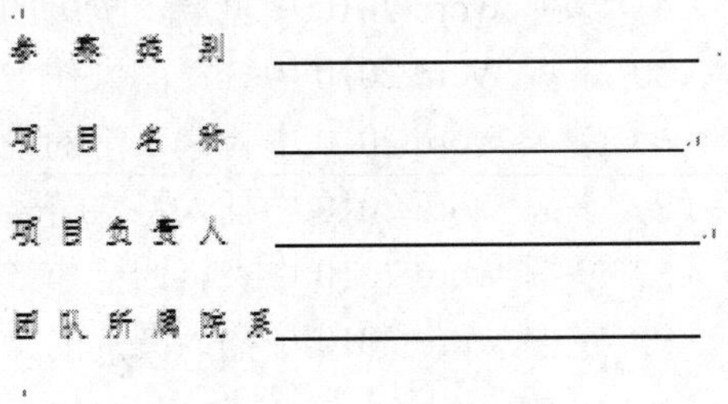

参赛类别 ____________

项目名称 ____________

项目负责人 ____________

团队所属院系 ____________

图 2-40　封面文字样张

⑤ 双击“页脚”区，激活页脚编辑状态，单击“开始”选项卡→“段落”组中的“居中”按钮，输入内容“2018 年 3 月版”，如图 2-41 所示。单击“设计”选项卡→“关闭”组中的“关闭页眉和页脚”按钮。

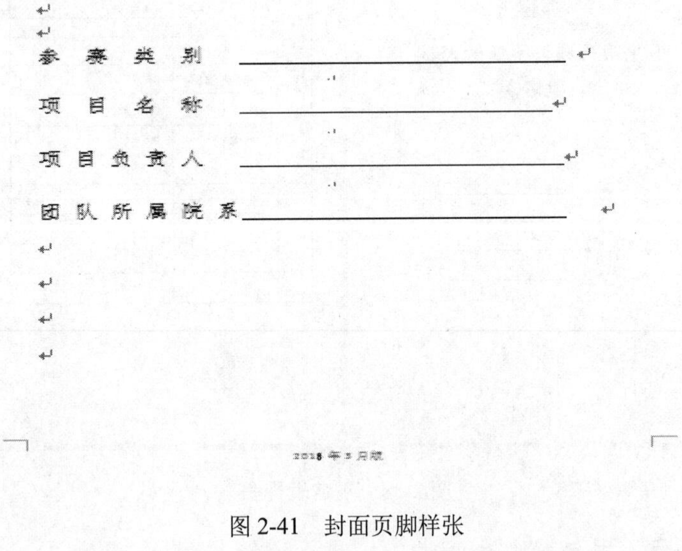

参赛类别 ____________

项目名称 ____________

项目负责人 ____________

团队所属院系 ____________

2018 年 3 月版

图 2-41　封面页脚样张

⑥ 单击封面第 2 行，单击“开始”选项卡→“段落”组中的“居中”按钮，然后插入指定图片，插入后选中该图片对象，单击“格式”选项卡→“排列”组中的“自动换行”下拉按钮，在弹出的下拉列表中选择“四周型环绕”选项，结果如图 2-42 所示。

中南民族大学创新大赛

报名表

图 2-42　封面图片样张

（2）制作表格。

① 在文档第 2 页插入一个 12 行 6 列的表格。

② 选中第 1 列第 1 行到第 4 行的 4 个单元格，单击“布局”选项卡→“合并”组中的“合并单元格”按钮。用同样的方法将表格中适当位置的单元格合并，并输入内容最终形成如图 2-43 所示的效果。

报名者信息	姓名		出生年月		
	性别		民族		
	政治面貌		联系电话		
	所属院系				
项目基本信息	参赛项目名称				
	参赛类别		项目范围		
	申请经费		成果类型		
	有无产品专利				
团队成员信息	姓名	年级	院系	分工	签名

图 2-43　表格样张

操作练习

对如图 2-44 所示的文档做如下操作。

"你还算侥幸，只可怜我当了先锋，冒冒失失地正碰在气头上。那天晚上的光景，真是……从我有生以来，也没有挨过这样的骂！唉，处在这样黑暗的家庭，还有什么可说的，中国空生了我这个人了。"说着便滴下泪来。颖贞道："都是你们校长给送了信，否则也不至于被父亲知道。其实我在学校里，也办了不少的事。不过在父亲面前，总是附和他的意见，父亲便拿我当做好人，因此也不拦阻我去上学。"说到此处，颖铭不禁好笑。

颖铭的行李到了，化卿便亲自出来逐样地翻检，看见书籍堆里有好几束的印刷品和各种的杂志；化卿略一过目，便都撕了，顿时满院里纸花乱飞。颖铭、颖石在窗内看见，也不敢出来，只急得悄悄地跺脚，低声对颖贞说："姐姐！你出去救一救吧！"颖贞便出来，对化卿陪笑说："不用父亲费力了，等我来检看吧。天都黑了，你老人家眼花，回头把讲义也撕了，岂不可惜。"一面便弯腰去检点，化卿才慢慢地走开。

他们弟兄二人，仍旧住在当初的小院里，度那百无聊赖的光阴。书房里虽然也垒着满满的书，却都是制艺、策论和古文、唐诗等。所看的报纸，也只有《公言报》一种，连消遣的材料都没有了。至于学校里朋友的交际和通信，是一律在禁止之列。颖石生性本来是活泼的，加以这些日子，在学校内很是自由，忽然关在家内，便觉得非常的不惯，背地里唉声叹气。闷来便拿起笔乱写些白话文章，写完又不敢留着，便又自己撕了，撕了又写，天天这样。颖铭是一个沉默的人，也不显出失意的样子，每天临几张字帖，读几遍唐诗，自己在小院子里，浇花种竹，率性连外面的事情，不闻不问起来。有时他们也和几个姨娘一处打牌，但是他们所最以为快乐的事情，便是和姐姐颖贞，三人在一块儿，谈话解闷。

化卿的气，也渐渐的平了，看见他们三人，这些日子，倒是很循规蹈矩的，心中便也喜欢；无形中便把限制的条件放松了一点。

图 2-44　练习原文档

（1）在文章起始处加入一个文本框，输入文字“段落赏析”，将字号设置为“三号”，字体颜色设置为“红色”。

（2）将第 1 段文字字体设为“隶书”，字形设置为“倾斜”、加下画线，字号设置为“四号”，字体颜色设置为“蓝色”，加“双删除线”。

（3）将第 1 段文字分为两栏。

（4）在第 2 段段首插入特殊符号“§”。

（5）将第 3 段的段前间距设置为“14 磅”，段后间距设置为“1 行”，首行缩进“2 字符”，对齐方式设置为“左对齐”。

（6）将第 4 段加边框底纹，边框设置为“方框”，宽度设置为“1 磅”，底纹设置为“红色”。

（7）在文档的任意位置插入艺术字，输入“斯人独憔悴”，艺术字样式为第 3 行第 1 列样式，文字环绕方式为“浮于文字上方”。

（8）在页眉处输入“憔悴”，并将其设置为左对齐。

（9）在文档的任意位置插入一张图片，将文字环绕方式设置为“四周型”。

（10）将页面的上、下边距均设置为“2 厘米”，装订线设置为“1 厘米”，装订线位置设置为“上”，纸张大小设置为“A4”。

第3章 电子表格软件 Excel 2010

知 识 要 点

1. Excel 2010 的窗口

启动 Excel 2010 后，系统会自动建立一个名为“Book1”的空白文档。Excel 2010 的窗口主要由标题栏、快速访问工具栏、“文件”选项卡、状态栏、编辑栏、工作区和工作表标签等部分组成。

2. 创建新工作簿

启动 Excel 的同时，系统会自动创建一个空白工作簿。此外，还可以选择“文件”→“新建”命令来创建新工作簿。Excel 工作簿由若干张工作表组成，每张工作表包含若干个单元格。

3. 工作簿的打开、保存和关闭

Excel 2010 提供了多种打开已有工作簿的方法，可以通过双击文件图标，或者在 Excel 2010 中用菜单的方式打开工作簿。

工作簿的保存方式有手动保存、自动保存，以及保存时用密码保护文件。关闭文档时，如果没有保存工作簿，将会弹出提示对话框，提示保存。

4. 输入数据

输入数据是创建工作表的最基本工作，是指向工作表的单元格中输入文字、数字、日期与时间、公式等内容。

如果要输入由数字组成的文本，需要在内容前加半角单引号“'”。

Excel 提供单个单元格数据输入方法和系列数据自动填充输入方法。

5. 公式和函数

如果单元格的内容是通过计算得到的，就必须使用公式。公式由“=”开头。

在公式中除了使用各种常量、函数外，还可以使用单元格地址。若使用单元格地址，则在公式计算时会自动到对应的单元格提取相应的内容参与运算。公式中的运算符可以分为引用运算符、算术运算符、比较运算符和文本运算符。

公式中单元格的引用分为相对引用、绝对引用和混合引用。相对引用是指在公式被复制到其他单元格时，公式里的单元格地址会自动发生变化；绝对引用则是在单元格地址的行号和列号前加“$”，则当公式被复制时，该单元格地址始终不发生变化；混合引用是在行号或者列号中的一个前加“$”，另一个不加。

函数是 Excel 预先定义的公式，它由函数名和一对圆括号括起来的若干参数所组成。参数可以是常数、单元格、单元格区域、公式、名称或其他函数。参数之间用逗号分隔。有的函数没有参数，但是仍然需要左右圆括号。函数对其参数值进行运算，返回运算的结果。常用的函数有求和函数（SUM）、求平均值函数（AVERAGE）、求个数函数（COUNT）、求最大值函数（MAX）、求最小值函数（MIN）。

6. 工作表中数据的格式化

使用“设置单元格格式”对话框可以方便快捷地完成大多数对工作表的格式化操作，如设置数据类型、对齐方式、字体、边框、底纹等。

7. 工作表的基本操作

工作表的基本操作包括工作表的重命名、工作表的移动和复制、工作表的插入和删除、工作表的隐藏与显示、工作表的拆分与冻结及工作表的保护等。

8. 条件格式

使用条件格式可以在工作表的某些区域中自动为符合给定条件的单元格设置指定的格式。

9. 图表

使用 Excel 提供的图表向导，可以方便、快速地创建一个标准类型或自定义类型的图表。建立图表的过程中需注意选择数据来源、选择图表类型、设置图表格式等步骤的操作细节。

10. 排序和筛选

记录排序是指按一定规则对数据进行整理、排列，这样可以为进一步处理数据做好准备。排序分为简单排序和多重排序。

筛选是从众多的数据中挑选出符合某种条件的数据。在 Excel 中，要完成数据的筛选可以使用“自动筛选”或者“高级筛选”两种方法，这样就可以将那些符合条件的记录显示在工作表中，而将其他不符合条件的记录从视图中隐藏起来，或者将筛选结果与表格原始数据独立开来显示。

11. 分类汇总

“分类汇总”功能可以自动对所选数据进行汇总，并插入汇总行。汇总方式灵活多样，如求和、平均值、最大值、标准方差等。对数据进行分类汇总后，还可以恢复工作表的原始数据。

12. 数据透视表

数据透视表是一种对大量数据进行快速汇总并建立交叉列表的交互式表格。它不仅可以转换行和列以显示源数据的不同汇总结果，也可以显示不同页面以筛选数据，还可以根据用户的需要显示区域中的细节数据。

使用数据透视表有以下几个优点。

（1）Excel 提供了向导功能，易于建立数据透视表。

（2）真正地按用户设计的格式来完成数据透视表的建立。

（3）当原始数据更新后，只需单击“更新数据”按钮，数据透视表就会自动更新数据。

（4）当用户认为已有的数据透视表不理想时，可以方便地修改数据透视表。

3.1　实验 1　数据输入及格式化

实验目的

（1）掌握工作表的插入、删除和重命名。

（2）掌握工作表的复制和移动。

（3）掌握工作表中数据的输入及格式化。

（4）掌握窗口的拆分与冻结。

实验内容

输入如图 3-1 所示的内容，根据实验要求和实验步骤实现如图 3-2 所示的效果。

	A	B	C	D	E	F
1	期末成绩表					
2	学号	姓名	语文	数学	英语	计算机
3	1	张希	82	85	75	87
4	2	李红	95	91	90	93
5	3	王栋	60	35	27	43
6	4	赵峰	34	54	81	43
7	5	周斌	89	94	55	70
8	6	刘宇	86	87	90	88
9	7	陈洋	77	68	53	91

图 3-1　基本输入表格

	A	B	C	D	E	F	G
1	期末成绩表						
2	学号	姓名	语文	数学	英语	计算机	
3	1	张希	82.0	85.0	75.0	87.0	
4	2	李红	95.0	91.0	90.0	93.0	
5	3	王栋	60.0	35.0	27.0	43.0	
6	4	赵峰	34.0	54.0	81.0	43.0	
7	5	周斌	89.0	94.0	55.0	70.0	
8	6	刘宇	86.0	87.0	90.0	88.0	
9	7	陈洋	77.0	68.0	53.0	91.0	
10							2016-06-07

图 3-2　效果图

1. 实验要求

（1）将标题行设置成蓝色、隶书、24 号、加粗，对齐方式为合并后居中，垂直居中，并加上双下画线。

（2）将表格第 2 行的行高设置为 25，内容水平居中、垂直居中。

（3）将表格边框设置为外框双线、内框细线。

（4）表头设置为上下框双线，底色为红色。

（5）将所有成绩保留一位小数显示。

（6）将表格中所有列设置为“自动调整列宽”。

（7）用拖动填充柄的方式快速输入学号。

（8）将表格中所有小于 60 分的成绩显示成红色文本，将所有>=80 分的成绩显示成蓝色文本。

（9）插入新工作表“Sheet4”，然后将工作表标签“Sheet1”改名为“期末成绩”。

（10）将“期末成绩”工作表复制一个副本，并将副本“期末成绩 2”改名为“成绩备份”。

（11）在“期末成绩”表 G10 单元格中插入日期“2016-06-07”，练习日期的不同显示方式。

（12）在“成绩备份”表里将学号从“1，2，3……”改为“001，002，003……”。

（13）在“成绩备份”表里删除“刘宇”的所有记录信息。

（14）在“成绩备份”表的“李红”与“王栋”中间插入一条空记录。

（15）对“期末成绩”表进行窗口拆分，然后分别拖动水平滚动条和垂直滚动条，观察变化，最后取消拆分。

2. 实验步骤

（1）选中标题 A1:F1 单元格区域，单击“开始”选项卡→“对齐方式”组中的“合并后居中”按钮，则 A1:F1 单元格区域合并为一个单元格。利用“开始”选项卡“字体”组中的相应按钮设置字体、颜色、下画线等，如图 3-3 所示。

图 3-3　“开始”选项卡的“字体”组和“对齐方式”组

（2）选中第 2 行，单击“开始”选项卡→“单元格”组中的“格式”下拉按钮，在弹出的下拉列表中“行高”选项，在弹出的如图 3-4 所示的对话框中输入“25”，单击“确定”按钮。单击“对齐方式”组中的“居中”按钮和“垂直居中”按钮。

（3）选中 A1:F9 单元格，单击“开始”选项卡→“字体”组中的“边框”下拉按钮，在弹出的下拉列表中选择“其他边框”选项，在弹出的如图 3-5 所示的对话框中选择线条样式为双线，然后选择“外边框”选项；选择线条样式为细线，然后选择“内部”选项，最后单击“确定”按钮。

（4）选中 A2:F2 单元格区域，与步骤（3）相同的方法弹出如图 3-5 所示的对话框，选择线条样式为双线，然后单击“上边框”按钮，使所选区域的上边框变为双线，单击“确定”按钮。单击“开始”选项卡→“字体”组中的“填充颜色”下拉按钮，在弹出的下拉列表中选择红色。

（5）选中 C3:F9 单元格区域，单击“开始”选项卡→“数字”组中的“增加小数位数”按钮。

（6）选择 A~F 列，单击“开始”→“单元格”组中的“格式”下拉按钮，在弹出的下拉列表中选择“自动调整列宽”选项。

（7）在 A3 单元格输入数字“1”，按 Enter 键。单击 A3 单元格，然后将光标放在 A3 单元格右下角的填充柄上，按住 Ctrl 键的同时按住鼠标左键向下拖动至 A9，则其他学生的学号将被自动填充。

图 3-4　行高设定

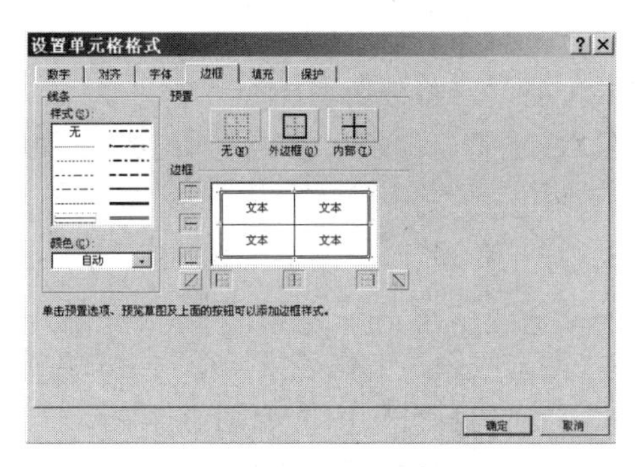

图 3-5　表格框线设定

（8）选中 C3:F9 单元格区域，单击“开始”选项卡→“样式”组里的“条件格式”下拉按钮，在弹出的下拉列表中选择“突出显示单元格规则”→“小于”选项，按如图 3-6（a）所示进行设置；继续选中 C3:F9 单元格区域，单击“开始”选项卡→“样式”组中的“条件格式”下拉按钮，在弹出的下拉列表中选择“突出显示单元格规则”→“其他规则”选项，按如图 3-6（b）所示进行设置，其中单击“格式”按钮后选择颜色为“蓝色”。

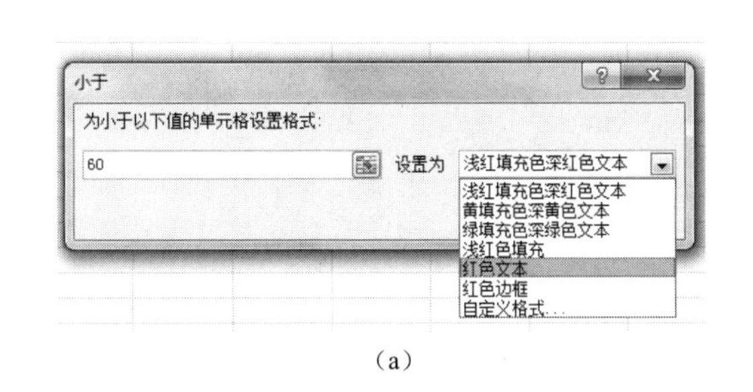

（a）

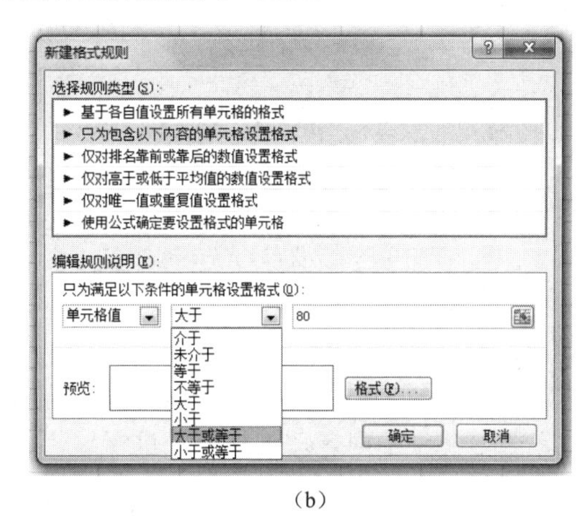

（b）

图 3-6　条件格式设置

（9）单击“开始”选项卡→“单元格”组中的“插入”下拉按钮，在弹出的下拉列表中选择“插入工作表”选项，新工作表的名称默认为“Sheet4”。双击工作表标签“Sheet1”，输入“期末成绩”，或者右击工作表标签“Sheet1”，在弹出的快捷菜单中选择“重命名”命令，然后输入“期末成绩”。

（10）右击工作表标签“期末成绩”，在弹出的快捷菜单中选择“移动或复制”命令，在“移动或复制工作表”对话框中选中“建立副本”复选框，单击“确定”按钮，得到工作表“期末成绩（2）”，双击工作表标签“期末成绩（2）”，输入“成绩备份”，实现更名。

（11）在 G10 单元格输入日期“2016-06-07”，按 Enter 键。然后单击 G10 单元格，单击“开始”选项卡→“数字”组中的“数字格式”下拉按钮，在弹出的下拉列表中选择“长日期”选项，如图 3-7 所示。

（12）将“成绩备份”表的 A3 单元格双击为编辑状态，输入“’001”，注意单引号必须在英文输入法状态下输入。然后将光标放在 A3 单元格右下角的填充柄上，按住鼠标左键向下拖动，则其他学生的学号将被自动填充。

（13）在“成绩备份”表里右击“刘宇”记录行最左边的行标号，在弹出的快捷菜单中选择“删除”命令。

（14）在“成绩备份”表里右击“王栋”记录行最左边的行标号，在弹出的快捷菜单中选择“插入”命令。

（15）在“期末成绩”工作表中，单击 E6 单元格，单击“视图”选项卡→“窗口”组中的“拆分”按钮，此时被拆分的窗口如图 3-8 所示，每一个窗口分别有独立的滚动条。双击两条分隔线的交叉点可将两条分隔线取消。

图 3-7　设置单元格日期格式

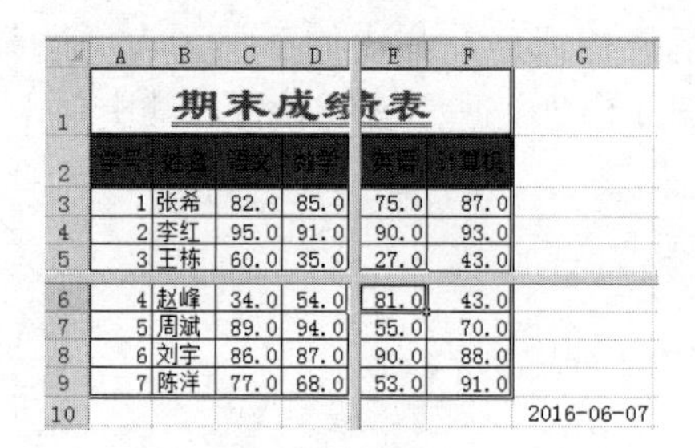

期末成绩表

学号	姓名	语文	数学	英语	计算机
1	张希	82.0	85.0	75.0	87.0
2	李红	95.0	91.0	90.0	93.0
3	王栋	60.0	35.0	27.0	43.0
4	赵峰	34.0	54.0	81.0	43.0
5	周斌	89.0	94.0	55.0	70.0
6	刘宇	86.0	87.0	90.0	88.0
7	陈洋	77.0	68.0	53.0	91.0

2016-06-07

图 3-8　表格拆分效果

操作练习

将图 3-9 中的内容按下列要求进行编辑。

姓名	政治	历史	地理	计算机
王江海	84	68	72	65
汪　洋	76	78	95	67
石　磊	74	69	86	77
金志淡	76	58	76	64
高产望	85	54	92	83
林　少	49	64	55	84
郑一顺	48	73	64	70
达　器	63	74	78	92
郝　了	99	69	83	72
北堂春	74	100	85	72
杨　军	99	75	68	90
穆　木	66	84	98	75
张百万	74	76	90	95
向仁昌	98	85	99	78
冯友枝	65	73	78	69

图 3-9　练习图例

（1）更改工作表“Sheet1”标签的名称为“高三（3）班”。

（2）选择 B2:F17 内容，移动至 D3 单元格（也可以采用剪切→粘贴方法或采用插入行列等其他方法）。

（3）在 C3 单元格输入“学号”后，从第一位同学开始输入学号序列“200101”至最后一位同学的学号序列为“200115”。

（4）选择第 3 行中的标题文字，设置字体为楷体，字号为 16 磅。

（5）选择表格内容，设置表格框线，外框线为双线、红色，内框线为细线、蓝色。

（6）选择第 3 行中的标题文字，填充一种颜色（可自行选择）。

（7）使用“条件格式”功能，将表格中 60 分以下的成绩设置为红色。

3.2　实验 2　函数及公式应用（一）

实验目的

（1）单元格地址的引用方式。

（2）掌握常用函数和公式的使用。

实验内容

在“Sheet1”工作表中创建如图 3-10 所示的“期末成绩表.xlsx”，并利用公式和函数求出其他相应单元格的值。

1. 实验要求

（1）利用自动求和功能在 G3 单元格中求出张希同学 4 门课程的总分。

（2）利用 SUM 求和函数求出李红同学的总分，结果存放在 G4 单元格中，然后拖动填充柄依次求出其他同学的总分。

（3）利用简单公式“=(C3+D3+E3+F3)/4”求出张希同学的平均分，结果存放在 H3 单元格中。

（4）利用 AVERAGE 函数求出刘宇同学的平均分，结果存放在 H8 单元格中。然后拖动填充柄依次求出其他同学的平均分。

（5）将每位同学的平均分保留一位小数。

（6）利用简单公式求出张希同学的总评分（计算方法：总评分=总分*总评系数），总评系数单元格不锁定。

（7）利用 PRODUCT 函数和拖动填充柄求出其他同学的总评分。

（8）求出各门课程的最高分，结果依次存放在 C9:F9 单元格区域。

（9）求出各门课程的最低分，结果依次存放在 C10:F10 单元格区域中。

（10）利用 COUNT 函数统计学生人数，结果存放在 C11 单元格中。

（11）利用 COUNTIF 函数统计各门课程不及格的人数，结果依次存放在 C12:F12 单元格区域中。

（12）利用 SUMIF 函数统计出各门课程的及格总分，结果依次存放在 C13:F13 单元格区域中。

（13）利用 IF 函数判断各位同学获取奖学金的情况结果依次存放在 J3:J8 单元格区域中，判断条件为：总评分大于等于 360 分的同学显示“有”，否则显示“无”。

（14）利用 COUNTIF 函数统计各位同学的补考科数，结果依次存放在 K3:K8 单元格区域中。

（15）根据补考科数判断每位同学的升留级情况结果依次存放在 L3:L8 单元格区域中，要求没有不及格科目的同学升级，有一科不及格的同学补考，有一科以上不及格的同学留级（公式的书写按照题目描述的顺序）。

（16）利用 RANK 函数按总评分依次求出各位同学的排名情况，结果依次存放在 M3:M8 单元格区域中。

2. 实验步骤

（1）选中 G3 单元格，输入公式“=C3+D3+E3+F3”后按 Enter 键，G3 单元格会显示公式的计算结果。当双击 G3 单元格时显示对应的计算公式。

（2）选中 G4 单元格，单击“开始”选项卡→“编辑”组中的“自动求和”按钮 Σ ▾，Excel 会自动在 G4 单元格中显示公式“=SUM(C4:F4)”，单击“确定”按钮即可完成公式输入。然后单击 G4 单元格，拖动填充柄到 G8 单元格，就可以求出其他同学的总分，如图 3-10 所示。

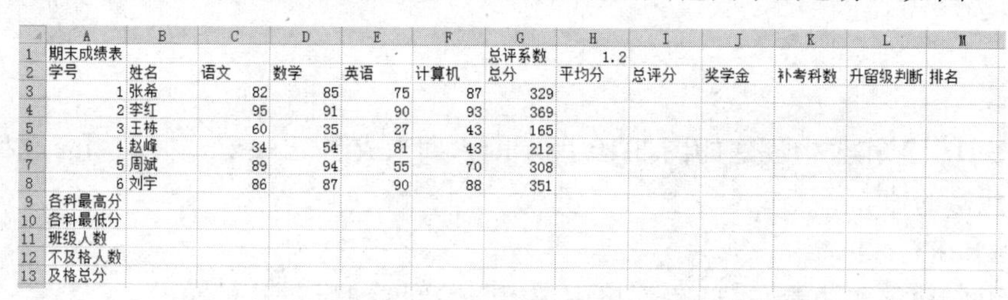

	A	B	C	D	E	F	G	H	I	J	K	L	M
1	期末成绩表						总评系数	1.2					
2	学号	姓名	语文	数学	英语	计算机	总分	平均分	总评分	奖学金	补考科数	升留级判断	排名
3	1	张希	82	85	75	87	329						
4	2	李红	95	91	90	93	369						
5	3	王栋	60	35	27	43	165						
6	4	赵峰	34	54	81	43	212						
7	5	周斌	89	94	55	70	308						
8	6	刘宇	86	87	90	88	351						
9	各科最高分												
10	各科最低分												
11	班级人数												
12	不及格人数												
13	及格总分												

图 3-10　期末成绩表基本表格

（3）选中 H3 单元格，输入公式“=(C3+D3+E3+F3)/4”，即可求出张希的平均分。

（4）选中 H8 单元格，输入公式“=AVERAGE(C8:F8)”，即可求出刘宇的平均分。然后单击 H8 单元格，拖动填充柄到 H4 单元格，就可以求出其他同学的平均分。

（5）选中 H3:H8 单元格区域，单击“开始”选项卡→“数字”组中的“增加小数位数”按钮 ←.0 .00。

操作提示

利用 AVERAGE 函数求平均值时，空白单元格及包含文本型数值的单元格都不计入单元格个数，如图 3-11 所示的数据示例中，在 F1 单元格中输入公式“=AVERAGE(A1:E1)”，结果等于 2。

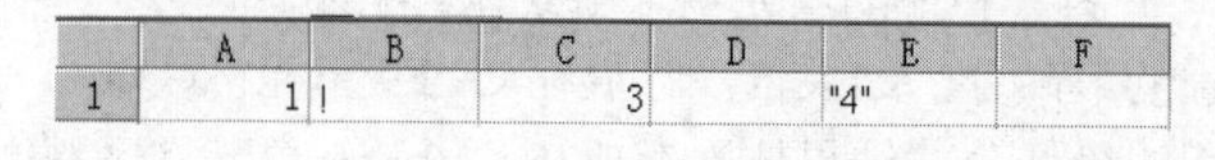

	A	B	C	D	E	F
1	1		3		"4"	

图 3-11　AVERAGE 使用举例

（6）在 I3 单元格中输入公式“=G3*H1”。

（7）在 I4 单元格中输入公式“=PRODUCT(G4,$H$1)，按 Enter 键。然后拖动 I4 单元格的填充柄到 I8 单元格。

操作提示

“绝对引用”在拖动填充柄时，始终锁定被引用的地址；“混合引用”在拖动填充柄时，只是部分锁定被引用的地址。应注意拖动方向与引用公式的关系。

对于类似公式“=$E3”的引用，表示锁定单元格的列编号。垂直方向拖动填充柄时，所起的作用是相对引用；水平方向拖动填充柄时，所起的作用是绝对引用。

对于类似公式“=E$3”的引用，表示锁定单元格的行编号。水平方向拖动填充柄时，所起的作用是相对引用；垂直方向拖动填充柄时，所起的作用是绝对引用。

（8）在 C9 单元格中输入公式“=MAX(C3:C8)”，然后将鼠标指针指向 C9 单元格的填充柄，拖动填充柄到 F9 单元格。

（9）在 C10 单元格中输入公式“=MIN(C3:C8)”，然后将鼠标指针指向 C10 单元格的填充柄，拖动填充柄到 F10 单元格。

（10）在 C11 单元格中输入公式“=COUNT(C3:C8)”，可以统计班级人数。

操作提示

COUNT 函数的功能是统计，作用是对指定范围进行计数。

引用范围内包含的数据类型中只有数值型的单元格才能计入到总个数当中。

如果引用范围内全是文本型数据，计算结果等于零。所以，求班级总人数时不能使用公式“=COUNT（B3:B8）”。

（11）在 C12 单元格中输入公式“=COUNTIF(C3:C8, "<60")”，然后将鼠标指针指向 C12 单元格的填充柄，拖动填充柄到 F12 单元格。

（12）在 C13 单元格中输入公式“=SUMIF(C3:C8, ">=60"，C3:C8)”，然后将鼠标指针指向 C13 单元格的填充柄，拖动填充柄到 F13 单元格。

（13）在 J3 单元格中输入公式“=IF(I3>=360,"有","无")”，然后将鼠标指针指向 J3 单元格的填充柄，拖动填充柄到 J8 单元格。

（14）在 K3 单元格中输入公式“=COUNTIF(C3:F3, "<60")”，然后将鼠标指针指向 K3 单元格的填充柄，拖动填充柄到 K8 单元格。

（15）在 L3 单元格中输入公式“=IF(K3=0,"升级",IF(K3=1,"补考","留级"))”，然后将鼠标指针指向 L3 单元格的填充柄，拖动填充柄到 L8 单元格。

（16）在 M3 单元格中输入公式“=RANK(I3,$I$3:$I$8)”，然后将鼠标指针指向 M3 单元格的填充柄，拖动填充柄到 M8 单元格。

操作练习

根据如图 3-12 所示的“手机产品明细表.xls”中的数据，完成如下计算。

（1）将原价乘以折扣率，计算出所有产品的现价。

（2）计算所有产品的平均原价，存放在 B14 单元格。

（3）计算表中总的存货数量，存放在 B15 单元格。

（4）计算所有产品的最低原价，存放在 B16 单元格。

（5）求出所有产品的最大摄像头像素（万），存放在 B17 单元格。

（6）计算三星手机的总存货量，存放在 B18 单元格。

（7）计算原价在 4000 元以上的产品种类，存放在 B19 单元格。

	A	B	C	D	E	F	G	H
1			手机产品明细表				折扣率：	0.9
2	产品ID	品牌	摄像头像素（万）	存货	原价	现价		
3	CP-01	三星	800	10	3299			
4	CP-02	三星	1300	8	5189			
5	CP-03	三星	500	20	1199			
6	CP-04	华为	1000	27	4888			
7	CP-05	华为	800	13	1820			
8	CP-06	小米	1200	16	3099			
9	CP-07	小米	500	6	1286			
10	CP-08	苹果	800	30	4788			
11	CP-09	苹果	1000	40	2999			
12								
13								
14	平均原价：							
15	总存货量：							
16	最低原价：							
17	摄像头最大像素（万）：							
18	三星手机的存货总数：							
19	价格在4000元以上的产品种类：							

图 3-12　手机产品明细表

3.3　实验 3　函数及公式应用（二）

实验目的

（1）掌握复杂的函数。

（2）掌握表格中的结构引用。

实验内容

1. 实验要求

“图书订单.xlsx”文件的 4 个工作表如图 3-13 所示，其中“订单明细”只显示了部分数据。请你按照要求完成统计和分析工作。

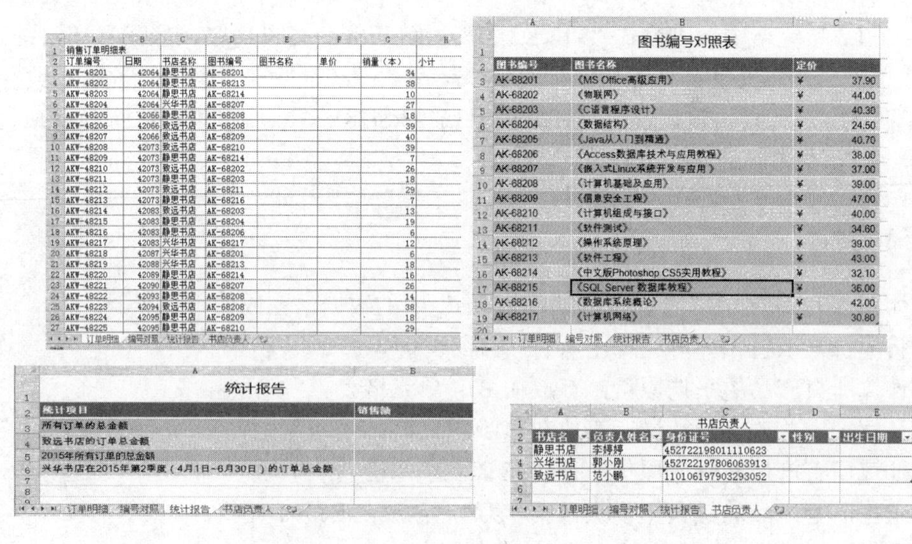

销售订单明细表

订单编号	日期	书店名称	图书编号	图书名称	单价	销量（本）	小计
AKW-48201	42064	静思书店	AK-68201			34	
AKW-48202	42064	静思书店	AK-68213			38	
AKW-48203	42064	静思书店	AK-68214			10	
AKW-48204	42064	兴华书店	AK-68207			27	
AKW-48205	42066	静思书店	AK-68208			18	
AKW-48206	42066	致远书店	AK-68208			39	
AKW-48207	42066	致远书店	AK-68209			40	
AKW-48208	42073	致远书店	AK-68210			39	
AKW-48209	42073	静思书店	AK-68214			7	
AKW-48210	42073	致远书店	AK-68202			26	
AKW-48211	42073	静思书店	AK-68203			18	
AKW-48212	42073	致远书店	AK-68211			29	
AKW-48213	42073	静思书店	AK-68216			7	
AKW-48214	42083	致远书店	AK-68203			13	
AKW-48215	42083	静思书店	AK-68204			19	
AKW-48216	42083	静思书店	AK-68206			6	
AKW-48217	42083	兴华书店	AK-68217			12	
AKW-48218	42087	兴华书店	AK-68201			6	
AKW-48219	42088	兴华书店	AK-68213			18	
AKW-48220	42089	静思书店	AK-68214			16	
AKW-48221	42090	静思书店	AK-68207			26	
AKW-48222	42093	静思书店	AK-68208			14	
AKW-48223	42094	致远书店	AK-68208			38	
AKW-48224	42095	静思书店	AK-68209			18	
AKW-48225	42095	静思书店	AK-68210			29	

订单明细 / 编号对照 / 统计报告 / 书店负责人

图书编号对照表

图书编号	图书名称	定价
AK-68201	《MS Office高级应用》	¥ 37.90
AK-68202	《物联网》	¥ 44.00
AK-68203	《C语言程序设计》	¥ 40.30
AK-68204	《数据结构》	¥ 24.50
AK-68205	《Java从入门到精通》	¥ 40.70
AK-68206	《Access数据库技术与应用教程》	¥ 38.00
AK-68207	《嵌入式Linux系统开发与应用 》	¥ 37.00
AK-68208	《计算机基础及应用》	¥ 39.00
AK-68209	《信息安全工程》	¥ 47.00
AK-68210	《计算机组成与接口》	¥ 40.00
AK-68211	《软件测试》	¥ 34.60
AK-68212	《操作系统原理》	¥ 39.00
AK-68213	《软件工程》	¥ 43.00
AK-68214	《中文版Photoshop CS5实用教程》	¥ 32.10
AK-68215	《SQL Server 数据库教程》	¥ 36.00
AK-68216	《数据库系统概论》	¥ 42.00
AK-68217	《计算机网络》	¥ 30.80

订单明细 / 编号对照 / 统计报告 / 书店负责人

统计报告

统计项目	销售额
所有订单的总金额	
致远书店的订单总金额	
2015年所有订单的总金额	
兴华书店在2015年第2季度（4月1日~6月30日）的订单总金额	

订单明细 / 编号对照 / 统计报告 / 书店负责人

书店负责人

书店名	负责人姓名	身份证号	性别	出生日期
静思书店	李婷婷	452722198011110623		
兴华书店	郭小刚	452722197806063913		
致远书店	范小鹏	110106197903293052		

订单明细 / 编号对照 / 统计报告 / 书店负责人

图 3-13　“图书订单”文件中的 4 个工作表

（1）对“订单明细”工作表套用表格格式为“表样式浅色 9”，并把“单价”和“小计”列的单元格调整为“会计专用”（人民币）数字格式。

（2）根据“编号对照”工作表中“图书名称”和“图书编号”的对应关系，使用 VLOOKUP 函数自动填充“订单明细”工作表中“图书名称”列的数据。

（3）根据“编号对照”工作表中“定价”和“图书编号”的对应关系，使用 VLOOKUP 函数自动填充“订单明细”工作表中“单价”列的数据。

（4）计算每笔订单的总销售金额，填写在“订单明细”工作表中的“小计”列。

（5）计算所有订单的总销售金额，填写在“统计报告”工作表的 B3 单元格。

（6）计算致远书店的总销售金额，填写在“统计报告”工作表的 B4 单元格。

（7）计算 2015 年所有订单的总销售金额，填写在“统计报告”工作表的 B5 单元格。

（8）计算兴华书店在 2015 年第二季度的销售总额，填写在“统计报告”工作表的 B6 单元格。

（9）在“书店负责人”工作表中，根据身份证号输入各个负责人的性别和出生日期。其中，身份证倒数第 2 位用于判断性别，奇数为男性，偶数为女性；身份证的第 7~14 位表示出生年月日。

2．实验步骤

（1）在“订单明细”工作表中，选中 A2:H632 单元格区域，单击“开始”选项卡→“样式”组中的“套用表格格式”下拉按钮，在弹出的下拉列表中选择“表样式浅色 9”选项，弹出如图 3-14 所示的“套用表格式”对话框，单击“确定”按钮就套用了表格格式。要设置“单价”列的数字格式，首先右击“单价”列的任意单元格，在弹出的快捷菜单中选择“选择”→“整个表列”命令就选中“单价”列，如图 3-15 所示。再单击“开始”选项卡→“数字”组中的“数字格式”下拉按钮，在弹出的下拉列表中选择“会计专用”选项即可。同样的方法可以设置“小计”列的数字格式。

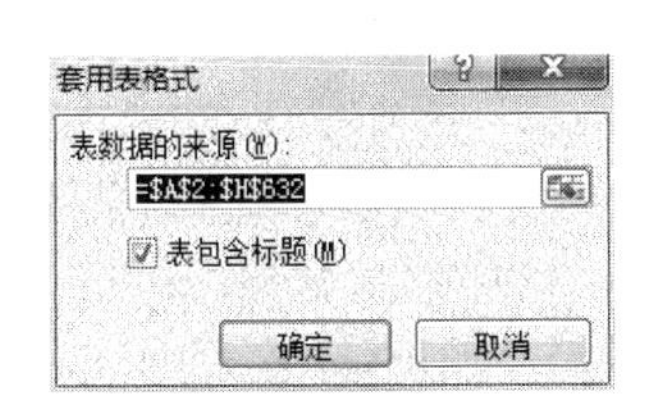

图 3-14 “套用表格式”对话框

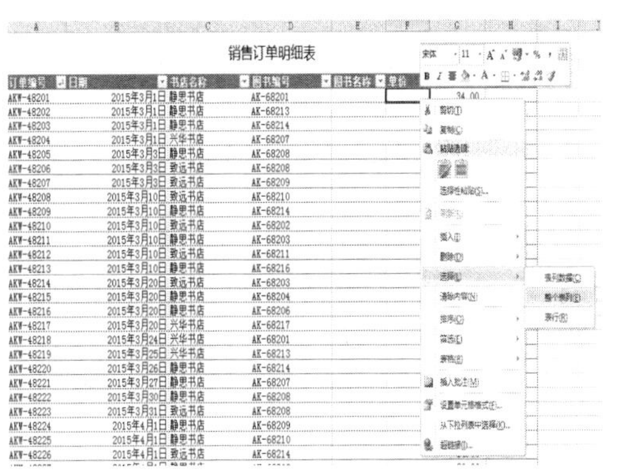

图 3-15 选择整个表列

（2）单击“订单明细”工作表的 E3 单元格，单击编辑栏的 *fx* 按钮，在弹出的“插入函数”对话框的“搜索函数”文本框中输入“VLOOKUP”，单击“转到”按钮，然后单击“确定”按钮。在弹出的“函数参数”对话框中设置参数：单击“Lookup_value”文本框，然后单击“订单明细”工作表的 D3 单元格，表示要查找的数据，则“Lookup_value”文本框出现“[@图书编号]”；或者直接在“Lookup_value”文本框输入“[@图书编号]”。单击“Table_array”文本框，选中“编号对照”工作表的 A3:B19 单元格区域，则在“Table_array”文本框出现“表 2[[图书编号]:[图书名称]]”；或者直接在“Table_array”文本框输入“表 2[[图书编号]:[图书名称]]”。在“Col_index_num”文本框输入 2，在“Range_lookup”文本框输入“false”，如图 3-16 所示。单击“确定”按钮即可。

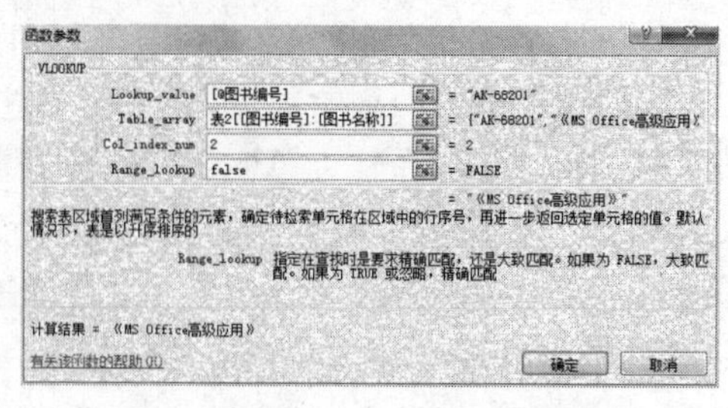

图 3-16　VLOOKUP 函数参数对话框 1

（3）单击“订单明细”工作表的 F3 单元格，单击编辑栏的 *fx* 按钮，选择 VLOOKUP 函数，单击“确定”按钮。在弹出的“函数参数”对话框中设置参数，如图 3-17 所示。

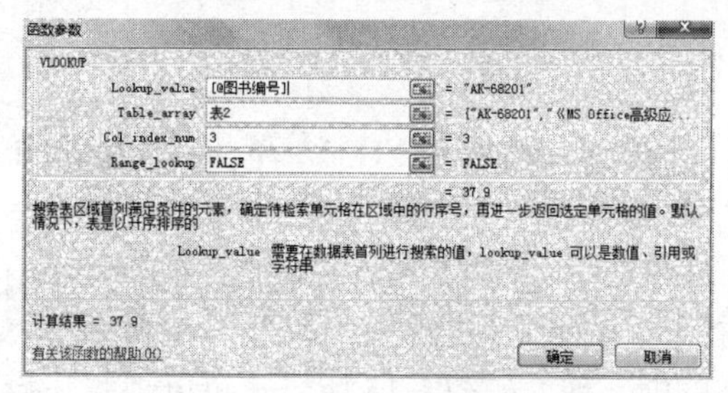

图 3-17　VLOOKUP 函数参数对话框 2

（4）在“订单明细”工作表的 H3 单元格，输入公式“=[@单价]*[@销量（本）]”。

（5）在“统计报告”工作表的 B3 单元格，输入公式“=SUM(表 1[小计])”，则在 B3:B6 单元格区域都出现了计算结果。选中 B4:B6 单元格区域，按 Delete 键把不需要的数据删除。

（6）在“统计报告”工作表的 B4 单元格，输入公式“=SUMIF(表 1[书店名称],"致远书店",表 1[小计])”。

（7）在“统计报告”工作表的 B5 单元格，输入公式“=SUMIFS(表 1[小计],表 1[日期],">=2015-1-1",表 1[日期],"<=2015-12-31")”。

（8）在“统计报告”工作表的 B6 单元格，输入公式“=SUMIFS(表 1[小计],表 1[书店名称],"兴华书店",表 1[日期],">=2015-4-1",表 1[日期],"<=2015-6-30")”。结果如图 3-18 所示。

（9）在“书店负责人”工作表的 D3 单元格输入公式“=IF(MOD(MID([@身份证号],17,1),2)=1,"男","女")”，在 E3 单元格中输入公式“=TEXT(MID([@身份证号],7,8),"0-00-00")”。结果如图 3-19 所示。

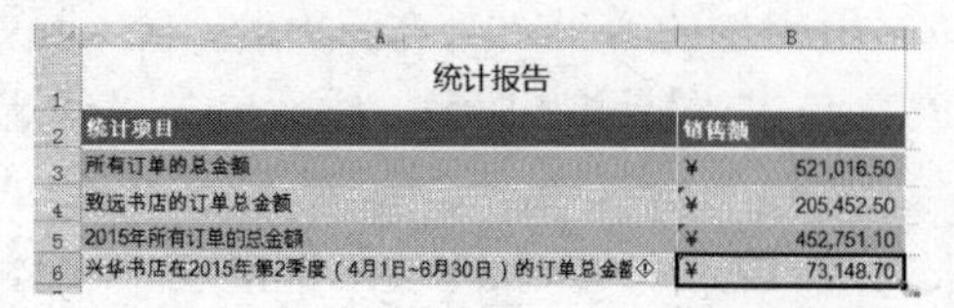

统计报告	
统计项目	销售额
所有订单的总金额	¥ 521,016.50
致远书店的订单总金额	¥ 205,452.50
2015年所有订单的总金额	¥ 452,751.10
兴华书店在2015年第2季度（4月1日~6月30日）的订单总金额	¥ 73,148.70

图 3-18　“统计报告”工作表计算结果

书店名	负责人姓名	身份证号	性别	出生日期
静思书店	李婷婷	452722198011110623	女	1980-11-11
兴华书店	郭小刚	452722197806063913	男	1978-06-06
致远书店	范小鹏	110106197903293052	男	1979-03-29

图 3-19　“书店负责人”工作表计算结果

3.4 实验4 数据分析与统计

实验目的

（1）掌握数据表的排序操作。

（2）掌握数据表的筛选操作。

（3）掌握数据表的分类汇总操作。

（4）掌握使用数据透视表对数据进行分析的方法。

（5）掌握使用图表对数据表中的数据进行分析的方法。

实验内容

建立如图3-20所示的学生成绩表，按要求对该表进行相应操作。

	A	B	C	D	E	F	G	H	I
1	学生成绩表								
2	学号	姓名	性别	班级	数学	英语	计算机	总分	平均分
3	0601	程小	男	经济1班	68	70	82		
4	0602	张成	女	经济1班	78	75	68		
5	0603	杨利	女	经济1班	85	60	75		
6	0604	杨素	女	经济1班	94	55	66		
7	0605	刘尔	男	经济1班	54	39	40		
8	0701	黄飞	男	英语2班	70	90	75		
9	0702	张欣欣	女	英语2班	72	50	68		
10	0703	李西	女	英语2班	93	75	77		
11	0704	张三	男	英语2班	78	56	89		
12	0705	李四	女	英语2班	69	85	87		
13	0706	王五	男	英语2班	75	68	89		

图3-20 学生成绩表

1. 实验要求

（1）使用公式计算出每个学生的平均分和总分。

（2）将工作表“Sheet1”重命名为“原始成绩表”，并将“原始成绩表”工作表复制生成一张新的工作表中，并将新工作表更名为“最终成绩表”。

（3）在“最终成绩表”中对数据按照班级的升序、总分的降序进行排序。

（4）在“最终成绩表”中筛选出数学在60分以上（含60分）并且计算机为70～85分的男同学名单，将筛选结果复制到“Sheet2”工作表从A1单元格开始的单元格区域。

（5）在“最终成绩表”中取消自动筛选。

（6）使用高级筛选在“最终成绩表”中筛选出总分210分以上（不含210分）的女同学和总分在220分以上（不含220分）的男同学名单，将筛选结果复制到J2:R12单元格区域内。

（7）在“原始成绩表”中使用分类汇总，统计每个班级的学生人数，并统计每个班级所有学生3门课的平均成绩。

（8）复制“原始成绩表”工作表，将新工作表命名为“数据透视表”，在工作表“数据透视表”中删除分类汇总，恢复原始数据。

（9）使用数据透视表功能在新的工作表中按“性别”和“班级”统计人数、数学的总分、英语的平均分。

（10）对数据透视表进行修改：将所有的“标签”单元格设置为蓝色；隐藏所有男同学的统计结果、列汇总项、行汇总项；删除“数学”字段的求和统计；增加“计算机”字段的最大值统计，并移动到数据项的顶端；给原表中每个同学的英语成绩加 5 分，并反映到数据透视表中。

（11）根据“最终成绩表”工作表中“姓名”、“数学”、“计算机”列的数据创建三维簇状柱形图，图表标题为“学生成绩表”，主要横坐标轴标题为“姓名”，主要纵坐标轴标题为“成绩”，图表单独存放在工作表“Chart1”中。

（12）设置图表对象格式，具体要求如下。

① 将图表背景设置为黄色。

② 将图表标题的字体设置为 14 号黑体字。

③ 将纵坐标轴标题的字体设置为 12 号幼圆字，文字方向为横排。

④ 将纵坐标轴的主要刻度单位修改为 20。

⑤ 为图表增加“英语”数据系列。将“数学”数据系列的位置调整到“英语”数据系列之后。

⑥ 将图表类型修改为簇状柱形图。

⑦ 在图表区中显示“计算机”数据系列格式的值。

⑧ 为“英语”数据系列添加“误差线”，使用“正负偏差”，“百分比”为 5%。

⑨ 为“数学”数据系列添加“线性”趋势线，并将趋势线名称命名为“数学”。

2. 实验步骤

（1）单击 H3 单元格，输入公式“=SUM(E3:G3)”。单击 I3 单元格，输入公式“=AVERAGE(E3:G3)”。选中 H3 单元格和 I3 单元格，把鼠标指针放到右下角，拖动填充柄向下填充到第 13 行，计算出每个学生的总分和平均分，如图 3-21 所示。

	A	B	C	D	E	F	G	H	I
1	学生成绩表								
2	学号	姓名	性别	班级	数学	英语	计算机	总分	平均分
3	0601	程小	男	经济1班	68	70	82	220	73.333
4	0602	张成	女	经济1班	78	75	68	221	73.667
5	0603	杨利	女	经济1班	85	60	75	220	73.333
6	0604	杨素	女	经济1班	94	55	66	215	71.667
7	0605	刘尔	男	经济1班	54	39	40	133	44.333
8	0701	黄飞	男	英语2班	70	90	75	235	78.333
9	0702	张欣欣	女	英语2班	72	50	68	190	63.333
10	0703	李西	女	英语2班	93	75	77	245	81.667
11	0704	张三	男	英语2班	78	56	89	223	74.333
12	0705	李四	女	英语2班	69	85	87	241	80.333
13	0706	王五	男	英语2班	75	68	89	232	77.333

图 3-21　计算总分和平均分后的结果

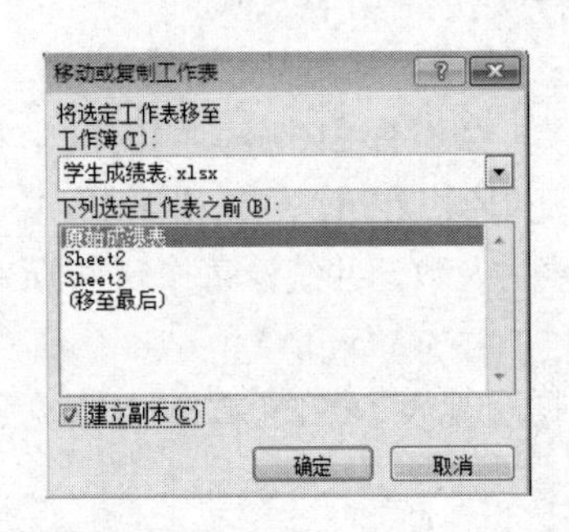

图 3-22　“移动或复制工作表”对话框

（2）右击工作表标签“Sheet1”，在弹出的快捷菜单中选择“重命名”命令，输入“原始成绩表”，按 Enter 键。右击工作表标签“原始成绩表”，在弹出的快捷菜单中选择“移动或复制”命令，弹出“移动或复制工作表”对话框，如图 3-22 所示。选中“建立副本”复选框，单击“确定”按钮。右击工作表标签“原始成绩表（2）”，在弹出的快捷菜单中选择“重命名”命令，输入“最终成绩表”，按 Enter 键。

（3）单击“最终成绩表”工作表数据区域中的任意单元格，单击“开始”选项卡→“编辑”组中的“排序和筛选”下拉按钮，在弹出的下拉列表中选择“自定义排序”选项，将弹出如图3-23所示的“排序”对话框，在“主要关键字”下拉列表中选择“班级”选项，在“次序”下拉列表中选择“升序”选项。单击“添加条件”按钮，在“次要关键字”下拉列表中选择“总分”选项，在“次序”下拉列表中选择“降序”选项，最后单击“确定”按钮。排序后的结果如图3-24所示。

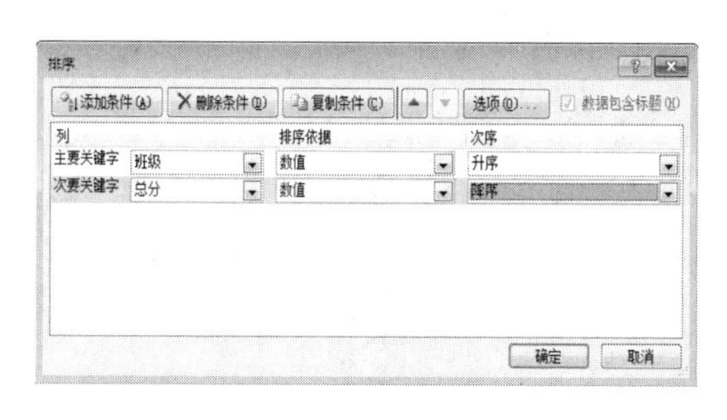

图3-23 “排序”对话框

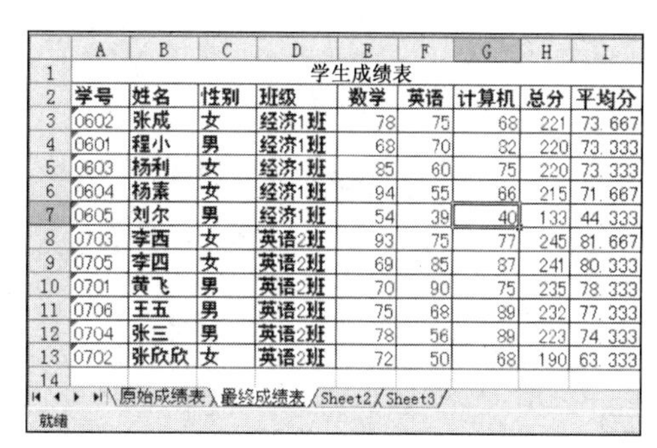

	A	B	C	D	E	F	G	H	I
1	学生成绩表								
2	学号	姓名	性别	班级	数学	英语	计算机	总分	平均分
3	0602	张成	女	经济1班	78	75	68	221	73.667
4	0601	程小	男	经济1班	68	70	82	220	73.333
5	0603	杨利	女	经济1班	85	60	75	220	73.333
6	0604	杨素	女	经济1班	94	55	66	215	71.667
7	0605	刘尔	男	经济1班	54	39	40	133	44.333
8	0703	李西	女	英语2班	93	75	77	245	81.667
9	0705	李四	女	英语2班	69	85	87	241	80.333
10	0701	黄飞	男	英语2班	70	90	75	235	78.333
11	0706	王五	男	英语2班	75	68	89	232	77.333
12	0704	张三	男	英语2班	78	56	89	223	74.333
13	0702	张欣欣	女	英语2班	72	50	68	190	63.333
14									

原始成绩表 / 最终成绩表 / Sheet2 / Sheet3

就绪

图3-24 排序结果

（4）自动筛选。

① 单击“最终成绩表”数据区域的任意单元格，单击“开始”选项卡→“编辑”组中的“排序和筛选”下拉按钮，在弹出的下拉列表中选择“筛选”选项，则在每一列的列标题（字段名）右边会出现一个下拉按钮，单击“性别”字段的下拉按钮，选中“男”复选框，如图3-25所示，单击“确定”按钮，就会筛选表中所有的男同学记录。

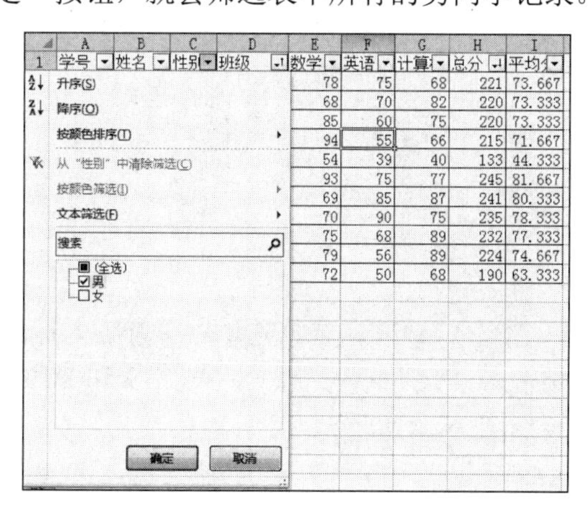

图3-25 自动筛选

② 单击“数学”字段的下拉按钮，选择“数字筛选”→“大于或等于”选项，弹出如图3-26所示的“自定义自动筛选方式”对话框，在右边的文本框中输入“60”，然后单击“确定”。这样就会筛选出表中所有数学成绩在60分以上的男同学记录。

③ 单击“计算机”字段的下拉按钮，选择“数字筛选”→“介于”选项，弹出“自定义自动筛选方式”对话框，在右边的文本框中分别输入“70”和“85”，如图3-27所示，然后单击“确定”按钮。这样就筛选出表中所有数学成绩在60分以上（含60分）并且计算机成绩在

70～85 分的男同学记录。

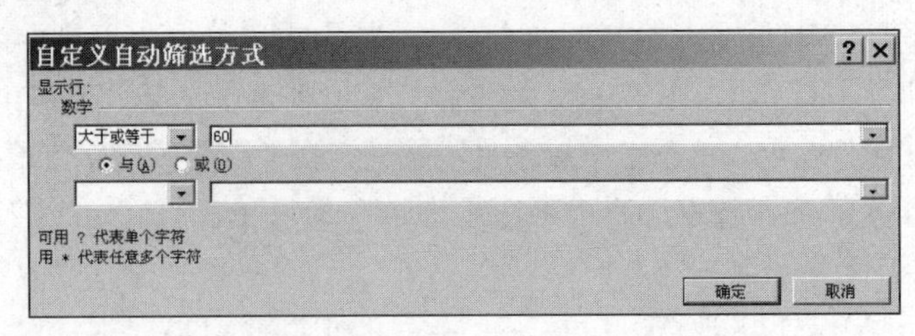

图 3-26 “数学”字段的“自定义自动筛选方式”对话框

图 3-27 “计算机”字段的“自定义自动筛选方式”对话框

④ 复制筛选结果，然后右击“Sheet2”工作表的 A1 单元格，在弹出的快捷菜单中选择“粘贴”命令，结果如图 3-28 所示。

	A	B	C	D	E	F	G	H	I
1	学号	姓名	性别	班级	数学	英语	计算机	总分	平均分
2	0601	程小	男	经济1班	68	70	82	220	73.33333
3	0701	黄飞	男	英语2班	70	90	75	235	78.33333
4									

图 3-28 筛选和复制结果

（5）单击工作表标签“最终成绩表”，单击“开始”选项卡→“编辑”组中的“排序和筛选”下拉按钮，在弹出的下拉列表中选择“筛选”选项，可取消自动筛选，恢复原始数据的显示。

（6）高级筛选。

① 在“最终成绩表”中，在 C17:D17 单元格区域中分别输入标题字段“性别”和“总分”，在 C18 和 D18 单元格中分别输入“女”和“>210”，在 C19 和 D19 单元格中分别输入“男”和“>220”，建立的条件区域如图 3-29 所示。

② 单击“最终成绩表”的任意单元格，单击“数据”选项卡→“排序和筛选”组中的“高级”按钮 高级 ，此时默认被选定的区域将用虚线框包围，并弹出“高级筛选”对话框。在弹出的“高级筛选”对话框的“方式”选项区域中选中“将筛选结果复制到其他位置”单选按钮，在“列表区域”文本框中选择“最终成绩表”中的“$A$2:$I$13”单元格区域，在“条件区域”文本框中选择“最终成绩表”中的“$C$17:$D$19”单元格区域，在“复制到”文本框中选择“$J$2:$R$12”单元格区域，如图 3-30 所示。单击“确定”按钮，退出“高级筛选”对话框，筛选结果如图 3-31 所示。

提示：如果要通过隐藏不符合条件的数据行来筛选数据清单，可在“高级筛选”对话框中选中“在原有区域显示筛选结果”单选按钮。

	A	B	C	D	E
10	0701	黄飞	男	英语2班	70
11	0706	王五	男	英语2班	75
12	0704	张三	男	英语2班	79
13	0702	张欣欣	女	英语2班	72
14					
15					
16					
17			性别	总分	
18			女	>210	
19			男	>220	

图 3-29　条件区域

图 3-30　“高级筛选”对话框

	A	B	C	D	E	F	G	H	I	J	K	L	M	N	O	P	Q	R
1	学生成绩表																	
2	学号	姓名	性别	班级	数学	英语	计算机	总分	平均分	学号	姓名	性别	班级	数学	英语	计算机	总分	平均分
3	0602	张成	女	经济1班	78	75	68	221	73.667	0602	张成	女	经济1班	78	75	68	221	73.6667
4	0601	程小	男	经济1班	68	70	82	220	73.333	0603	杨利	女	经济1班	85	60	75	220	73.3333
5	0603	杨利	女	经济1班	85	60	75	220	73.333	0604	杨素	女	经济1班	94	55	66	215	71.6667
6	0604	杨素	女	经济1班	94	55	66	215	71.667	0703	李西	女	英语2班	93	75	77	245	81.6667
7	0605	刘尔	男	经济1班	54	39	40	133	44.333	0705	李四	女	英语2班	69	85	87	241	80.3333
8	0703	李西	女	英语2班	93	75	77	245	81.667	0701	黄飞	男	英语2班	70	90	75	235	78.3333
9	0705	李四	女	英语2班	69	85	87	241	80.333	0706	王五	男	英语2班	75	68	89	232	77.3333
10	0701	黄飞	男	英语2班	70	90	75	235	78.333	0704	张三	男	英语2班	78	56	89	223	74.3333
11	0706	王五	男	英语2班	75	68	89	232	77.333									
12	0704	张三	男	英语2班	78	56	89	223	74.333									
13	0702	张欣欣	女	英语2班	72	50	68	190	63.333									

图 3-31　高级筛选的原始数据及筛选结果

（7）分类汇总。

① 单击工作表标签“原始成绩表”，单击“班级”列数据的任意单元格。单击“数据”选项卡→“排序和筛选”组中的“升序”按钮，完成对所有学生按班级的升序排序。

② 单击“数据”选项卡→“分级显示”组中的“分类汇总”按钮，弹出“分类汇总”对话框，在“分类字段”下拉列表中选择“班级”选项（用来设置决定汇总分组的关键字字段，它必须是已经过排序的），在“汇总方式”下拉列表中选择“计数”选项，在“选定汇总项”列表中确保只有“学号”复选框被选中（决定哪些字段需要进行汇总和存放统计结果），如图 3-32 所示。最后单击“确定”按钮，完成对学生人数的统计。

③ 单击“数据”选项卡→“分级显示”组中的“分类汇总”按钮，弹出“分类汇总”对话框，在“分类字段”下拉列表中选择“班级”选项，在“汇总方式”下拉列表中选择“平均值”选项，在“选定汇总项”列表中确保只有“数学”、“英语”、“计算机”复选框被选中，取消选中“替换当前分类汇总”复选框，如图 3-33 所示，最后单击“确定”按钮，完成对所有学生的所有课程成绩按班级求平均值的分类汇总，结果如图 3-34 所示。

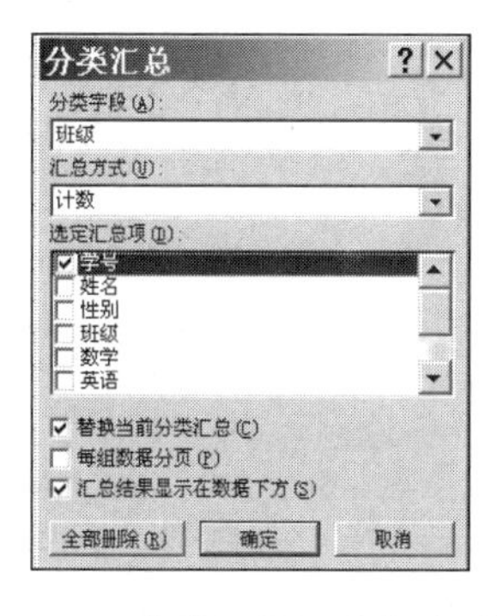

图 3-32　“分类汇总”计数对话框

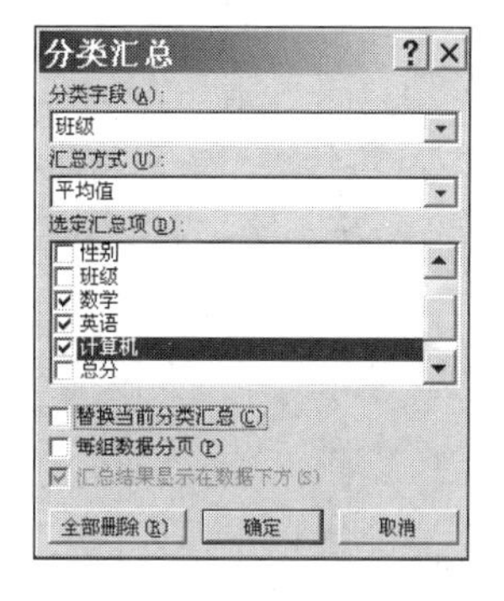

图 3-33　“分类汇总”平均值对话框

	A	B	C	D	E	F	G	H	I
1					学生成绩表				
2	学号	姓名	性别	班级	数学	英语	计算机	总分	平均分
3	0601	程小	男	经济1班	68	70	82	220	73.333
4	0602	张成	女	经济1班	78	75	68	221	73.667
5	0603	杨利	女	经济1班	85	60	75	220	73.333
6	0604	杨素	女	经济1班	94	55	66	215	71.667
7	0605	刘尔	男	经济1班	54	39	40	133	44.333
8	5			**经济1班 计数**					
9				**经济1班**	75.8	59.8	66.2		
10	0701	黄飞	男	英语2班	70	90	75	235	78.333
11	0702	张欣欣	女	英语2班	72	50	68	190	63.333
12	0703	李西	女	英语2班	93	75	77	245	81.667
13	0704	张三	男	英语2班	79	56	89	224	74.667
14	0705	李四	女	英语2班	69	85	87	241	80.333
15	0706	王五	男	英语2班	75	68	89	232	77.333
16	6			**英语2班 计数**					
17				**英语2班**	76.333	70.667	80.833		
18	11			**总计数**					
19				**总计平**	76.091	65.727	74.182		

图 3-34　分类汇总结果

（8）单击工作表标签“原始成绩表”，按住 Ctrl 键的同时将“原始成绩表”拖动到“Sheet2”，松开鼠标左键就得到“原始成绩表（2）”。右击工作表标签“原始成绩表（2）”，在弹出的快捷菜单中选择“重命名”命令，输入“数据透视表”。

单击“数据”选项卡→“分级显示”组中的“分类汇总”按钮，在弹出的“分类汇总”对话框中单击“全部删除”按钮，恢复原始数据。

（9）数据透视表。

①“插入”选项卡→“表格”组中的“数据透视表”下拉按钮，在弹出的下拉列表中选择“数据透视表”选项，弹出如图 3-35 所示的“创建数据透视表”对话框，在“表/区域”文本框中选择或输入范围“$A$2:$I$13”，在“选择放置数据透视表的位置”选项区域选中“新工作表”单选按钮，单击“确定”按钮，出现如图 3-36 所示的数据透视表操作框架。

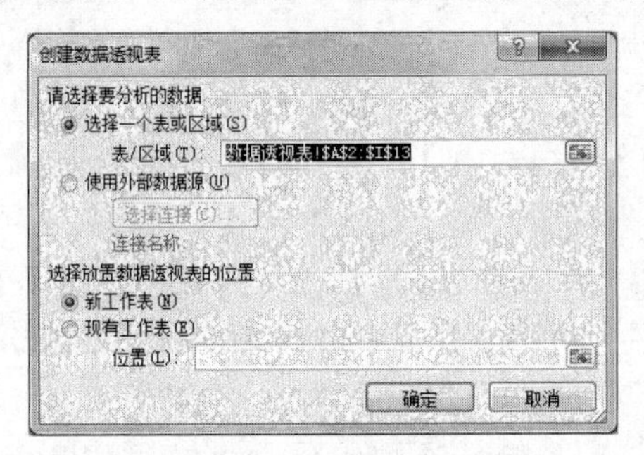

图 3-35　创建数据透视表

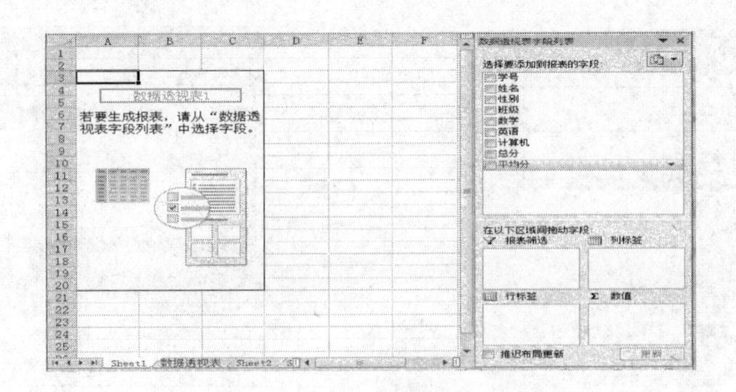

图 3-36　数据透视表操作框架

② 把“选择要添加到报表的字段”列表中的“班级”字段拖动到“行标签”列表中。

③ 把“选择要添加到报表的字段”列表中的“性别”字段拖动到“列标签”列表中。

④ 把“选择要添加到报表的字段”列表中的“学号”字段拖动到“数值”列表，实现对“学号”字段的计数，结果如图 3-37 所示。

图 3-37　按性别计数

⑤ 把“选择要添加到报表的字段”列表中的“数学”字段拖动到“数值”列表，实现对“数学”字段的求和；再拖动“英语”字段到“数值”列表，对“英语”字段求和，如图 3-38 所示。

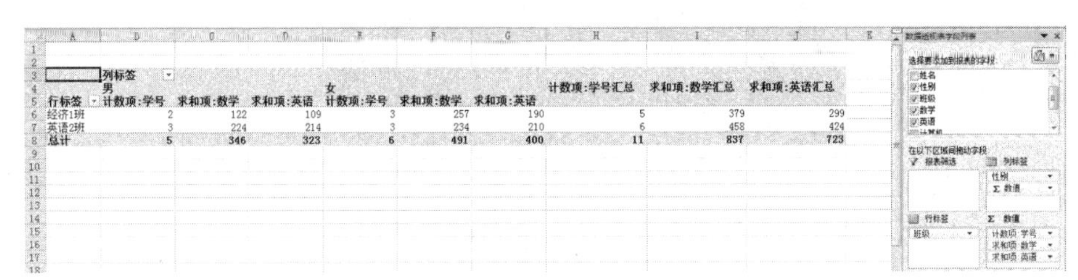

图 3-38　按数学、英语求和

⑥ 改变“英语”字段的统计方式为求平均值：右击数据透视表中英语求和项的任意一个单元格，在弹出的快捷菜单中选择“值汇总依据”→“平均值”命令，如图 3-39 所示。结果如图 3-40 所示。

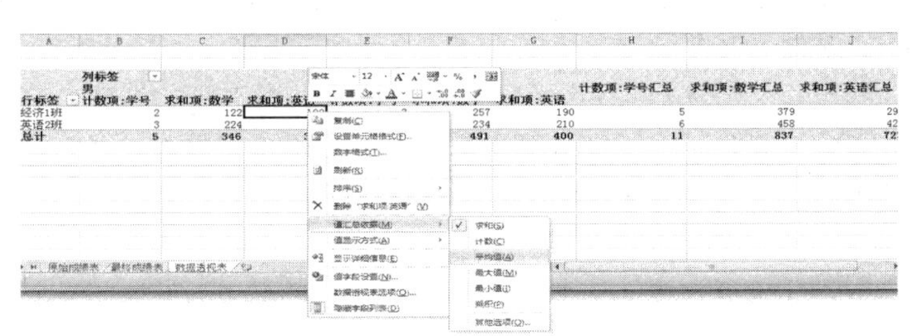

图 3-39　更改值汇总依据

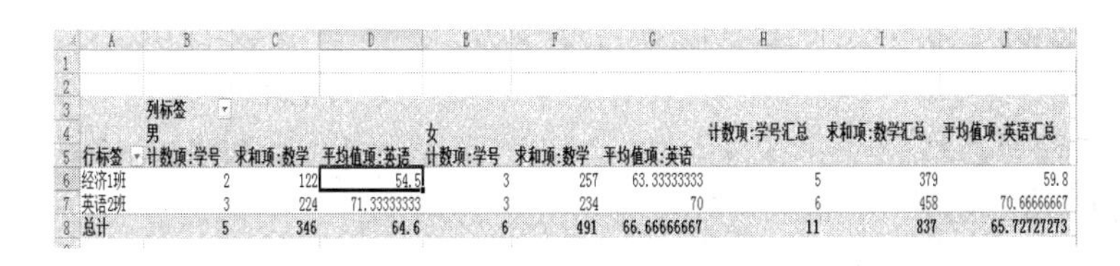

图 3-40　数据透视表结果图

（10）修改数据透视表。

提示：如果要显示被隐藏的行汇总和列汇总，可以单击数据透视表的任一单元格，单击“设计”选项卡→“布局”选项组中的“总计”下拉按钮，在弹出的下拉列表中选择“对行和列启用”选项。

（11）创建图表。

① 在“最终成绩表”工作表中选中B2:B13单元格区域，按住Ctrl键的同时选取E2:E13、G2:G13单元格区域。

② 单击“插入”选项卡→“图表”组中的“柱形图”下拉按钮，在弹出的下拉列表中选择“三维簇状柱形图”选项，得到如图3-41所示的图表。

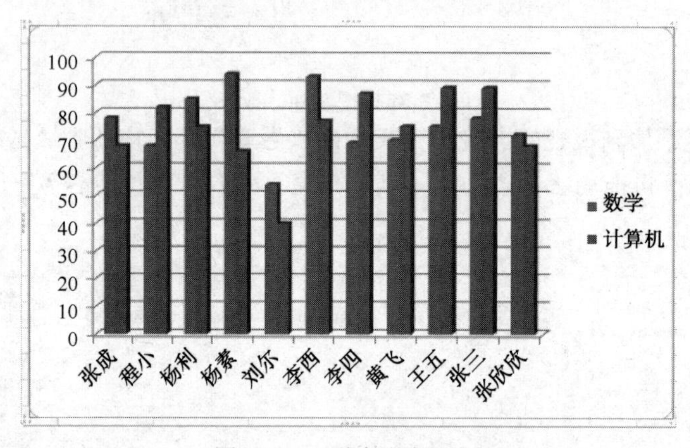

图3-41　三维簇状柱形图

③ 单击“布局”选项卡→“标签”组中的“图表标题”下拉按钮，在弹出的下拉列表中选择“图表上方”选项，则在图表上方出现“图表标题”字样，把文字更改为“学生成绩表”即可。

④ 单击“布局”选项卡→“标签”组中的“坐标轴标题”下拉按钮，在弹出的下拉列表中选择“主要横坐标轴标题”→“坐标轴下方标题”选项，则在横坐标轴下方出现“坐标轴标题”字样，把文字更改为“姓名”。

⑤ 单击“布局”选项卡→“标签”组中的“坐标轴标题”下拉按钮，在弹出的下拉列表中选择“主要纵坐标轴标题”→“竖排标题”选项，则在纵坐标轴左边出现“坐标轴标题”字样，把文字更改为“成绩”。

⑥ 右击图表的图表区，在弹出的快捷菜单中选择“移动图表”命令，如图3-42所示，弹出如图3-43所示的“移动图表”对话框，然后在弹出的“移动图表”对话框中选中“新工作表”单选按钮，最后单击“确定”按钮，则图表自动存放在工作表“Chart1”中。三维簇状柱形图表的最终效果如图3-44所示。

（12）编辑图表。

① 双击图表的背景墙，在弹出的“设置背景墙格式”对话框中选择“填充”命令，选中“纯色填充”单选按钮，将颜色设置为黄色，单击“关闭”按钮，如图3-45所示。

② 右击图表标题“学生成绩表”，在弹出的快捷功能区中将字体设置为黑体，字号为14。

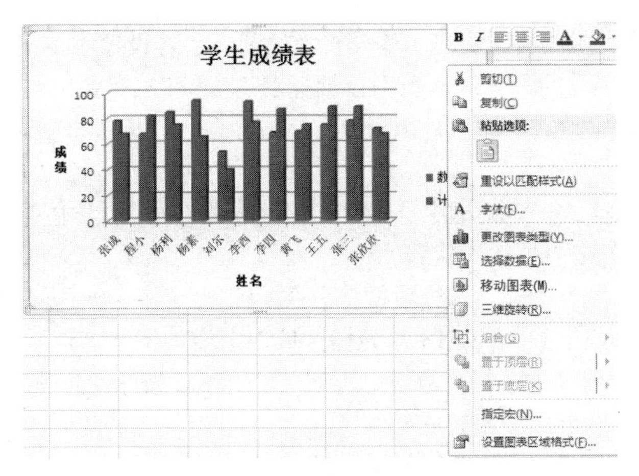

图 3-42　移动图表

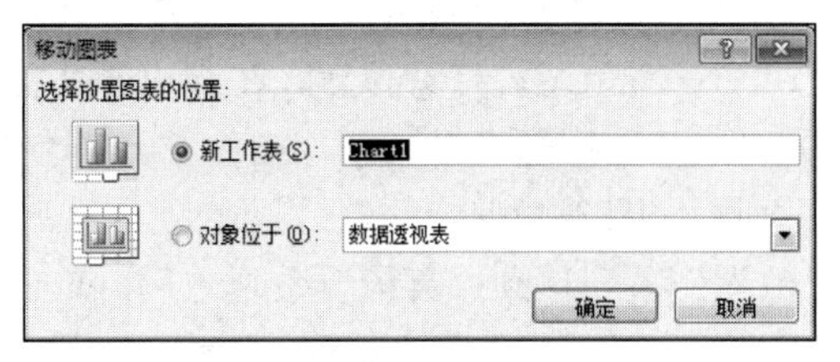

图 3-43 “移动图表”对话框

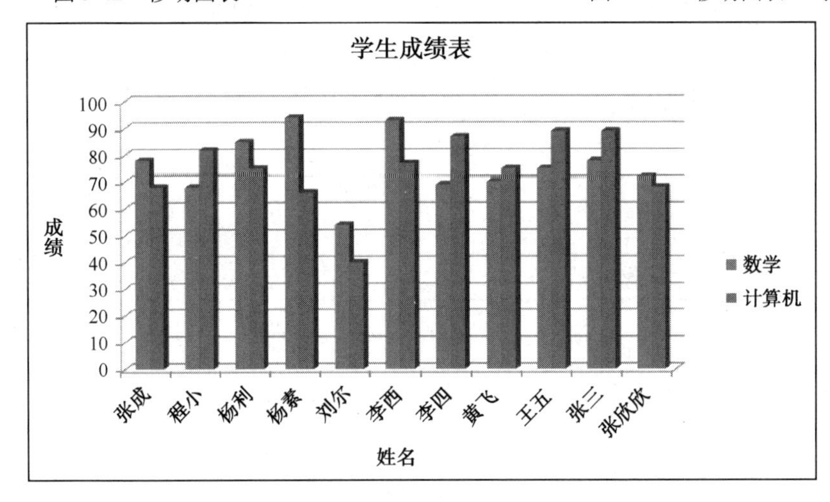

图 3-44　三维簇状柱形图表的最终结果

图 3-45 “设置背景墙格式”对话框

③ 右击垂直轴标题“成绩”，在弹出的快捷功能区中将字体设置为幼圆，字号设置为12，单击快捷功能区外的任意位置就会完成字体字号的设置；双击垂直轴标题“成绩”，在弹出的“设置坐标轴标题格式”对话框中，选择“对齐方式”选项，选择“文字方向”为“横排”，单击“关闭”按钮。

④ 双击垂直轴，在弹出的“设置坐标轴格式”对话框中选择“坐标轴选项”选项，“主要刻度单位”选择“固定”，输入数字“20”，单击“关闭”按钮。

⑤ 右击图表任意位置，在弹出的快捷菜单中选择“选择数据”命令，弹出如图3-46所示的“选择数据源”对话框，按住Ctrl键的同时，选中F2:F13单元格区域，则增加了“英语”系列，如图3-47所示。在“图例项（系列）”列表中选择“数学”选项，单击下移按钮▼，则“数学”系列移到“英语”系列之后，单击“确定”按钮完成操作。

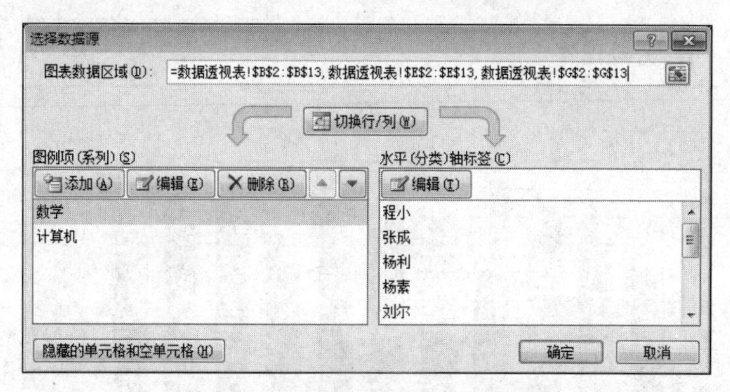

图3-46 “选择数据源”对话框

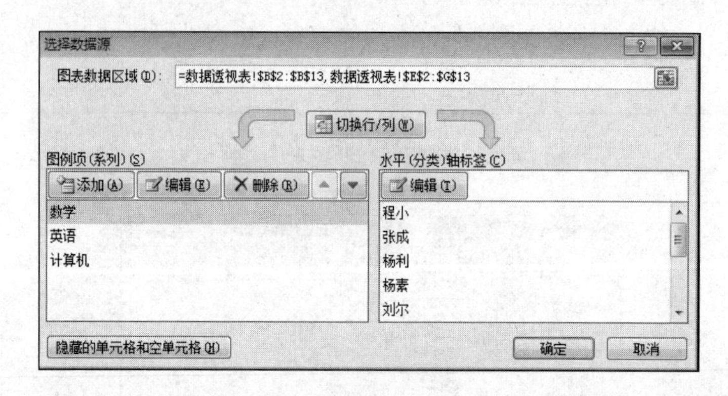

图3-47 调整数据系列的位置

⑥ 右击图表的图表区任意位置，在弹出的快捷菜单中选择“更改图表类型”命令，在弹出的“更改图表类型”对话框的左边选择“柱形图”选项，在对话框的右边选择“簇状柱形图”选项，单击“确定”按钮。

⑦ 右击任意一个“计算机”数据系列，在弹出的快捷菜单中选择“添加数据标签”命令。

⑧ 单击任意一个“英语”数据系列，单击“布局”选项卡→“分析”组中的“误差线”下拉按钮，在弹出的下拉列表中选择“百分比误差线”选项；双击“英语”数据系列上的任意一条误差线，在弹出的“设置误差线格式”对话框中，选择“显示方向”为“正负偏差”，设置“误差量”为“百分比”、输入数字“5”，如图3-48所示。完成后单击“关闭”按钮。

⑨ 右击任意一个“数学”数据系列，在弹出的快捷菜单中选择“添加趋势线”命令，在弹出的“设置趋势线格式”对话框中，选择“趋势预测/回归分析类型”为“线性”，选择“趋势线名称”为“自定义”，并在“自定义”右边的框中输入“数学”，如图 3-49 所示。完成后单击“关闭”按钮。

图 3-48 “设置误差线格式”对话框

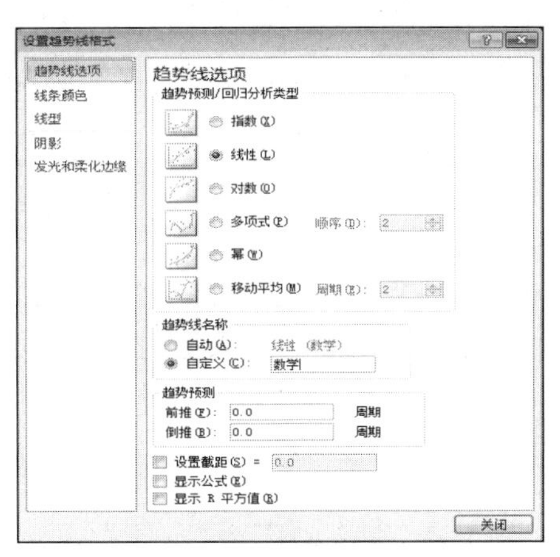

图 3-49 “设置趋势线格式”对话框

设置完成后的效果如图 3-50 所示。

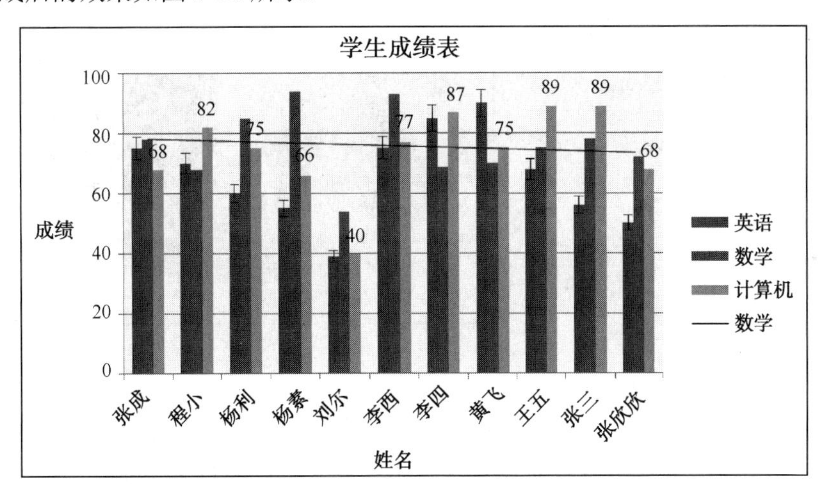

图 3-50 图表的效果图

提示：右击图表中的各个图表元素，如数据系列、图例等，观察相应的快捷菜单，选择相应的图表元素的格式命令，此时屏幕出现相应的图表元素的对话框，用户可以在其中进行相应的设置。

操作练习

（1）建立“职工情况简表”工作簿，在工作表“Sheet1”中输入内容，如图 3-51 所示。将工作表“Sheet1”的名字更改为“职工情况简表”。

	A	B	C	D	E	F	G	H	I	J
1	职工情况简表									
2	工号	姓名	性别	年龄	学历	科室	职务	基本工资	奖金	应发工资
3	0602	张成	女	32	本科	科室1	副处级	1800	800	
4	0601	程小	男	40	博士	科室1	副局级	2400	1200	
5	0603	杨利	女	42	中专	科室1	科员	1800	700	
6	0604	杨素	女	36	大专	科室2	科员	1700	600	
7	0605	刘尔	男	22	大专	科室2	科员	1300	600	
8	0703	李西	女	29	博士	科室2	正局级	2800	100	
9	0705	李四	女	50	硕士	科室2	科员	2000	600	
10	0701	黄飞	男	55	本科	科室3	正处级	2300	1000	
11	0706	王五	男	35	本科	科室3	科员	1600	800	
12	0704	张三	男	27	中专	科室3	科员	1400	800	
13	0702	张欣欣	女	35	博士	科室3	正处级	2100	1000	

图 3-51 职工情况简表原始数据

（2）计算每个职工应发的工资。将工作表“Sheet2”的名字更改为“职工学历统计”。在“职工学历统计”工作表中输入如图 3-52 所示的文字，并根据“职工情况简表”的数据计算出相应的人数和百分比。

提示：计算中专人数的公式为“=COUNTIF(职工情况简表!$E$3:$E$13,职工学历统计!A3)”。

（3）对“职工学历统计”工作表按学历和百分比创建如图 3-53 所示的饼图，图表放在原工作表中，“博士”数据系列用双色填充，并显示值。

	A	B	C
1	职工学历统计		
2	学历	人数	百分比
3	中专		
4	大专		
5	本科		
6	硕士		
7	博士		
8	职工总人数		

图 3-52 职工学历统计

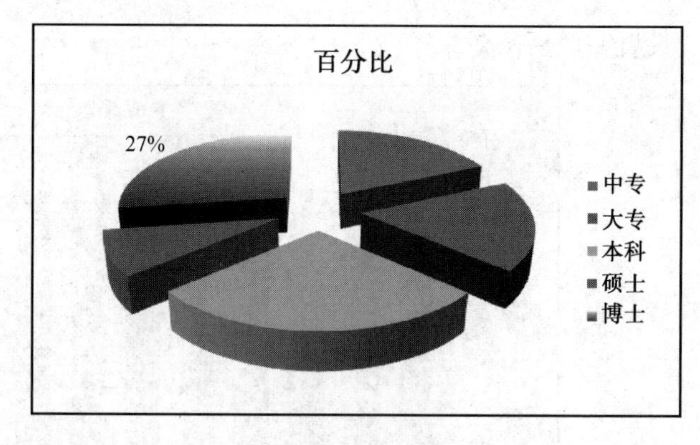

图 3-53 饼图

（4）根据“职工情况简表”工作表的数据建立图表，并对图表进行编辑和格式化。

① 按姓名、基本工资和应发工资创建堆积折线图，将图表标题设置为“职工情况简表”，主要横坐标轴标题为“姓名”，主要纵坐标轴标题为“工资”，图表作为新工作表插入。

② 将图表标题、横坐标轴标题和纵坐标轴标题的字体设置为隶书，字号设置为 16。

③ 将“基本工资”数据系列线型的颜色设置为绿色，并显示数据的值。给“基本工资”系列添加标准误差误差线，误差线的显示方向为正偏差。

④ 为图表添加“年龄”数据系列。

⑤ 将纵坐标轴刻度的最小值设置为 0，最大值设置为 5000，主要刻度单位设置为 500。

（5）对“职工情况简表”工作表的数据进行管理和分析。

① 将数据按性别的升序排序，如果性别相同，则按科室排序，最后按应发工资的降序排序。将“职工情况简表”工作表复制为“职工情况简表（2）”工作表。

② 在“职工情况简表”工作表中，使用自动筛选功能筛选出科室 3 中应发工资为 2300～

3500 元的男职工的情况，并且把结果复制到“Sheet3”工作表的 A1 单元格中，然后显示“职工情况简表”的所有数据。

③ 在“职工情况简表”工作表中，使用高级筛选功能筛选出有博士学历或基本工资在 1600 元以上的女职工的数据，并且把筛选结果复制到 B15 开始的单元格中。将“职工情况简表”工作表复制为“职工情况简表（3）”工作表，然后显示“职工情况简表”的所有数据。

④ 在“职工情况简表”工作表中，删除表格第 15 行后面的所有行，统计每个科室的职工人数、职工的平均年龄和应发工资的总和，然后把“职工情况简表”工作表复制为“职工情况简表（4）”工作表，将“职工情况简表”恢复为原始状态。

⑤ 使用数据透视表按科室统计每种学历的职工人数、基本工资的平均值和最小的年龄，将数据透视表放在新的工作表中。在数据透视表中隐藏行汇总和列汇总，如图 3-54 所示。

	A	B	C	D	E	F	G
3			学历				
4	科室	数据	本科	博士	大专	硕士	中专
5	科室1	计数项:学历	1	1			1
6		平均值项:基本工资	1800	2400			1800
7		最小值项:年龄	32	40			42
8	科室2	计数项:学历		1	2	1	
9		平均值项:基本工资		2800	1500	2000	
10		最小值项:年龄		49	22	50	
11	科室3	计数项:学历	2	1			1
12		平均值项:基本工资	1950	2100			1400
13		最小值项:年龄	35	35			27

图 3-54　数据透视表效果

3.5　实验 5　Excel 综合练习

实验目的

（1）熟练掌握数据的输入和编辑。

（2）熟练掌握 Excel 工作表的美化方法。

（3）掌握 Excel 图表的创建方法。

（4）掌握图表的编辑和格式化操作。

（5）掌握使用排序、筛选、分类汇总和数据透视表管理和分析数据的方法。

实验内容

1. 输入和编辑原始数据

新建一个 Excel 文件“Excel 练习.xlsx”，把工作表标签“Sheet1”更名为“进口商品表”，并在其中输入如图 3-55 所示的内容。

2. 使用公式和函数进行工作表数据统计

（1）金额为单价乘以进口量。

（2）税费为金额乘以税率。税率的规定是：香料类的税率为 10%，其他类为 5%。

	A	B	C	D	E	F	G	H	I	J
1	进口商品表									
2	产品ID	产品	类别	进口日期	国家	进口量	单价	金额	税费	总金额
3	LP-01	软饮料	饮料	2013/5/22	德国	120	18			
4	LP-02	茶	饮料	2012/8/22	德国	150	16			
5	LP-03	调味品	香料	2011/11/26	德国	180	12			
6	LP-04	果酱	香料	2012/1/26	英国	160	13			
7	LP-05	酱汁	香料	2012/3/26	英国	170	14			
8	LP-06	味精	香料	2012/5/26	法国	150	15			
9	LP-07	干果	农产品	2012/7/26	法国	280	16			
10	LP-08	调料	香料	2012/9/26	法国	60	17			
11	LP-09	牛肉	肉/家禽	2012/11/26	日本	130	20			
12	LP-10	海带	海洋食品	2013/9/21	日本	280	21			
13	总计									

图 3-55 “进口商品表”原始数据

（3）总金额为金额加上税费。

（4）求出进口量、金额、税费和总金额的总计。

3. 编辑工作表及表内数据

（1）交换“单价”和“进口量”列的位置。

（2）在“税费”单元格中插入批注“香料类的税率为10%，其他类为5%”。

（3）将“进口商品表”复制到“Sheet2”工作表的前面，并将“进口商品表（2）”更名为“原始表”。

4. 对“进口商品表”工作表进行格式化

（1）将标题“进口商品表”设置为合并后居中，蓝色、加粗、16号字、双下画线。

（2）将第二行小标题设置为水平和垂直居中、深红色、12号字。

（3）将“单价”列的数据保留2位小数，总金额设置为货币的第3种形式，但不保留小数。

（4）将B14、C14合并为一个单元格，将E14、F14合并为一个单元格，将H14、I14合并为一个单元格，其中的数据左对齐。

（5）设置“进口日期”列数据的格式为长日期。

（6）将各行设置为“自动调整行高”，将各列设置为“自动调整列宽”。

（7）选中A2:J14单元格区域，将外框线设置为绿色、最粗的单线，内框线设置为红色、最细的虚线。

（8）对工作表编辑和格式化后的效果如图3-56所示。

	A	B	C	D	E	F	G	H	I	J
1	进口商品表									
2	产品ID	产品	类别	进口日期	国家	单价	进口量	金额	税费	总金额
3	LP-01	软饮料	饮料	2013年5月22日	德国	18.00	120	2160	108	¥2,268
4	LP-02	茶	饮料	2012年8月22日	德国	16.00	150	2400	120	¥2,520
5	LP-03	调味品	香料	2011年11月26日	德国	12.00	180	2160	216	¥2,376
6	LP-04	果酱	香料	2012年1月26日	英国	13.00	160	2080	208	¥2,288
7	LP-05	酱汁	香料	2012年3月26日	英国	14.00	170	2380	238	¥2,618
8	LP-06	味精	香料	2012年5月26日	法国	15.00	150	2250	225	¥2,475
9	LP-07	干果	农产品	2012年7月26日	法国	16.00	280	4480	224	¥4,704
10	LP-08	调料	香料	2012年9月26日	法国	17.00	60	1020	102	¥1,122
11	LP-09	牛肉	肉/家禽	2012年11月26日	日本	20.00	130	2600	130	¥2,730
12	LP-10	海带	海洋食品	2013年9月21日	日本	21.00	280	5880	294	¥6,174
13	总计						1680	27410	1865	29275
14										

图 3-56 编辑及格式化后的表格效果

5. 建立图表并编辑、格式化

对“进口商品表”工作表的数据建立图表，并对图表进行编辑和格式化。

（1）按产品和进口量创建三维柱形圆锥图，将图表标题设置为“产品进口量”，主要横坐标轴标题设置为“产品”，主要纵坐标轴标题设置为横排标题“数量”，图表存放在新工作表“Chart1”中。

（2）将图表的标题设置为隶书、16号字。

（3）为图表添加数据系列“税费”，修改后的图表如图3-57所示。

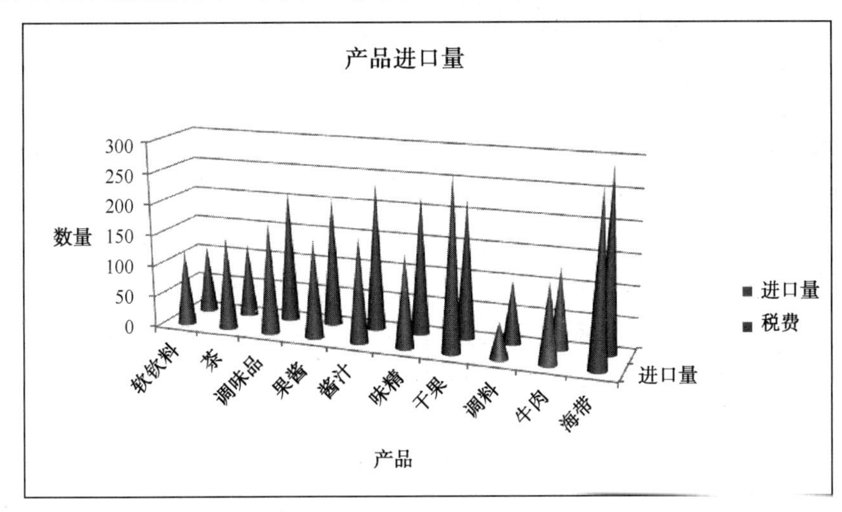

图3-57　创建并修改后的三维柱形圆锥图

（4）将图表类型修改为“簇状柱形图”。

（5）显示数据系列“进口量”的值，并为它设置百分比误差线，显示方向为“正负偏差”，百分比为4%。

（6）将垂直轴刻度的最小值设置为0，最大值设置为300，主要刻度单位设置为40。

（7）为“税费”数据系列添加趋势线，趋势预测/回归分析类型为3阶多项式。

（8）图表编辑修改后的效果如图3-58所示。

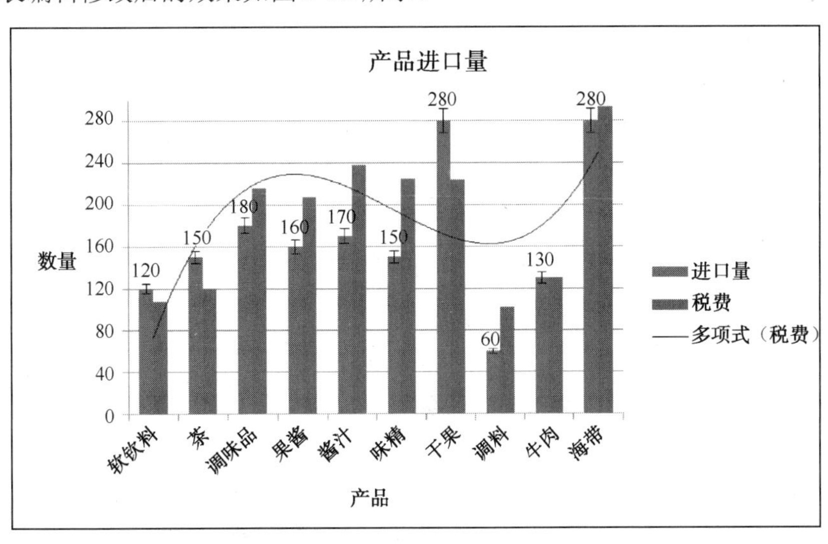

图3-58　图表编辑修改后的效果

6. 对“进口商品表”工作表的数据进行管理和分析

（1）将数据按“类别”的升序排序，如果“类别”相同，则按“进口量”的降序排序。将“进口商品表”工作表复制为“进口商品表（2）”工作表。

（2）对“进口商品表”工作表使用自动筛选功能筛选出不是从法国进口的、单价在 14～18 元的产品，并且把结果复制到“Sheet2”工作表的 A1 单元格中。显示“进口商品表”工作表中的所有数据。

（3）使用高级筛选功能筛选出国家为法国且单价在 16 元以上（含），或者类别是香料且进口日期在 2012 年 3 月 1 日以后的产品，并且把筛选结果复制到 A22 开始的单元格中，显示表中的所有数据。条件区域（A18:D20）及筛选结果如图 3-59 所示。

	A	B	C	D	E	F	G	H	I	J
18	国家	单价	类别	进口日期						
19	法国	>=16								
20			香料	>2012-3-1						
21										
22	产品ID	产品	类别	进口日期	国家	单价	进口量	金额	税费	总金额
23	LP-07	干果	农产品	2012年7月26日	法国	16.00	280	4480	224	¥4,704
24	LP-05	酱汁	香料	2012年3月26日	英国	14.00	170	2380	238	¥2,618
25	LP-06	味精	香料	2012年5月26日	法国	15.00	150	2250	225	¥2,475
26	LP-08	调料	香料	2012年9月26日	法国	17.00	60	1020	102	¥1,122

图 3-59　高级筛选条件区域及筛选结果

（4）删除表格的第 13 行和第 14 行，统计出从各个国家进口的商品的种类（即产品 ID 的个数）、进口量和总金额的总和，结果如图 3-60 所示。然后把“进口商品表”工作表复制为“进口商品表（3）”工作表，将“进口商品表”恢复为原始状态。

	A	B	C	D	E	F	G	H	I	J
1					进口商品表					
2	产品ID	产品	类别	进口日期	国家	单价	进口量	金额	税费	总金额
3	LP-03	调味品	香料	2011年11月26日	德国	￥12	180	2160	216	2376
4	LP-02	茶	饮料	2012年8月22日	德国	￥16	150	2400	120	2520
5	LP-01	软饮料	饮料	2013年5月22日	德国	￥18	120	2160	108	2268
6					德国 汇总		450			7164
7	3				德国 计数					
8	LP-07	干果	农产品	2012年7月26日	法国	￥16	280	4480	224	4704
9	LP-06	味精	香料	2012年5月26日	法国	￥15	150	2250	225	2475
10	LP-08	调料	香料	2012年9月26日	法国	￥17	60	1020	102	1122
11					法国 汇总		490			8301
12	3				法国 计数					
13	LP-10	海带	海洋食品	2013年9月21日	日本	￥21	280	5880	294	6174
14	LP-09	牛肉	肉/家禽	2012年11月26日	日本	￥20	130	2600	130	2730
15					日本 汇总		410			8904
16	2				日本 计数					
17	LP-05	酱汁	香料	2012年3月26日	英国	￥14	170	2380	238	2618
18	LP-04	果酱	香料	2012年1月26日	英国	￥13	160	2080	208	2288
19					英国 汇总		330			4906
20	2				英国 计数					
21					总计		1680			29275
22	10				总计数					

图 3-60　分类汇总结果表

（5）使用数据透视表按国家统计每类商品的个数、总的进口量和最高单价，结果放在新的工作表中。在数据透视表中隐藏行汇总和农产品类别，如图 3-61 所示。

7. 对“进口商品表（3）”工作表进行页面设置，完成后进行打印预览

（1）在工作表的第 13 行插入分页符，把当前工作表分为 2 页。

（2）将纸张大小设置为 A4，上、下页边距设置为 2 厘米。

（3）将页眉设置为“分类汇总表”，居中放置。将页脚设置为当前日期，靠右放置。

（4）将打印标题“顶端标题行”设置为第二行。

（5）打印预览，预览工作表的打印效果。

	A	B	C	D	E	F	G
3			类别				
4	国家	数据	海洋食品	肉/家禽	香料	饮料	总计
5	德国	计数项:产品ID			1	2	3
6		求和项:进口量			180	270	450
7		最大值项:单价			12	18	18
8	法国	计数项:产品ID			2		2
9		求和项:进口量			210		210
10		最大值项:单价			17		17
11	日本	计数项:产品ID	1	1			2
12		求和项:进口量	280	130			410
13		最大值项:单价	21	20			21
14	英国	计数项:产品ID			2		2
15		求和项:进口量			330		330
16		最大值项:单价			14		14

图 3-61　数据透视表结果

8. 进行统计分析

销售部助理小王需要根据 2014 年和 2015 年的图书产品销售情况进行统计分析，以便制订新一年的销售计划和工作任务。现在，请你按照如下需求，在文档“EXCEL.xlsx”中完成以下工作并保存。

（1）在“销售订单”工作表的“图书编号”列中，使用 VLOOKUP 函数填充所对应“图书名称”的“图书编号”，“图书名称”和“图书编号”的对照关系请参考“图书编目表”工作表。

（2）将“销售订单”工作表的“订单编号”列按照数值升序方式排序，并将所有重复的订单编号数值标记为紫色（标准色）字体，然后将其排列在销售订单列表区域的顶端。

（3）在“2015 年图书销售分析”工作表中，统计 2015 年各类图书在每月的销售量，并将统计结果填充在所对应的单元格中。为该表添加汇总行，在汇总行单元格中分别计算每月图书的总销量。

（4）在“2015 年图书销售分析”工作表中的 N4:N11 单元格区域中，插入用于统计销售趋势的迷你折线图，各单元格中迷你图的数据范围为所对应图书的 1～12 月的销售数据。并为各迷你折线图标记销量的最高点和最低点。

（5）根据“销售订单”工作表的销售列表创建数据透视表，并将创建完成的数据透视表放置在新工作表中，以 A1 单元格为数据透视表的起点位置。将工作表重命名为“2014 年书店销量”。

（6）在“2014 年书店销量”工作表的数据透视表中，设置“日期”字段为列标签，“书店名称”字段为行标签，“销量（本）”字段为求和汇总项。并在数据透视表中显示 2014 年期间各书店每季度的销量情况。

提示：为了统计方便，请勿对完成的数据透视表进行额外的排序操作。

操作提示

（1）使用函数“=VLOOKUP([@图书名称],表 3,2,FALSE)”。（1）、（3）使用排序功能，（2）使用条件格式功能，设置“重复值”。

（2）先插入 2 列分别求出年份和月份，然后使用函数 SUMIFS 求出每本书每个月的销售量。使用公式“=SUMIFS(表 1[销量(本)],表 1[图书名称],[@图书名称],表 1[年份],2015,表 1[月份],1)”求 1 月份的。

（3）插入迷你图中的“折线图”。

（4）在新工作表中创建数据透视表，设置“日期”字段为列标签，“书店名称”字段为行标签，“销量（本）”字段为求和汇总项。然后对“日期”按“季度”分组，并使用“报表筛选”筛选出2014年的数据。

操作练习

（1）建立“MP4产品明细表.xlsx”文件，在“Sheet1”工作表中输入如图3-62所示的数据。

	A	B	C	D	E	F
1			MP4产品明细表			
2	产品ID	品牌	型号	存储容量(GB)	重量(g)	参考价格(元)
3	CP-01	苹果	iPod touch 2	8	115	1750
4	CP-02	苹果	iPod touch 2	16	115	2250
5	CP-03	苹果	iPod touch 2	160	162	2088
6	CP-04	OPPO	S11U	8	92	930
7	CP-05	OPPO	S5	4	76	860
8	CP-06	昂达	VX535HD	16	98	780
9	CP-07	昂达	VX797HD	8	95	788
10	CP-08	台电	M40HD	4	72	395
11	CP-09	台电	C320	4	75	285
12	CP-10	台电	M55VE	8	80	420
13	平均参考价格					
14	总的产品数量					
15	价格在800元以上的产品数量					
16	所有产品的最大重量					
17	苹果品牌产品的总重量					

图3-62　MP4产品明细表

（2）将“Sheet1”工作表复制到新的工作表中，并重命名新的工作表为“原始表”。

（下面的操作除特别说明的都在“Sheet1”工作表中完成）

（3）在C13单元格输入文字“制表日期:”，在D13单元格输入当天的日期。

（4）在G2单元格中输入“实际价格”，利用“参考价格”和“折扣”数据计算出实际值并填充到G3:G12单元格区域中。

（5）将表格中所有的4GB存储容量修改为2GB。

（6）计算出所有MP4的平均参考价格，将结果放在F13单元格中。

（7）交换“存储容量”和“重量”列的位置。

（8）在A1单元格中插入批注“MP4价格表”。

（9）将标题“MP4产品明细表”设置为蓝色、加粗、18号字、双下画线、合并后居中。

（10）将第二行小标题设置为水平和垂直居中、深红色、13号字。

（11）将各行设置为“自动调整行高”，将各列设置为“自动调整列宽”。

（12）选中A3:G12单元格区域，将外框线设置为绿色、最粗的单线，内框线设置为红色、最细的虚线。

（13）按型号、存储容量和重量创建簇状柱形图，将图表标题设置为“MP4明细表”，主要横坐标轴标题设置为“型号”，主要纵坐标轴标题设置为“数量”，图表存放在“Sheet2”工作表中。

（14）将新生成的图表的标题设置为隶书、16号字。删除“存储容量”数据系列。“重量”数据系列添加百分比误差线，显示方向为“正负偏差”，百分比为4%。将垂直轴刻度的最小值设置为0，最大值设置为300，主要刻度单位设置为40。

（15）将数据按品牌的升序排序，如果品牌相同，则按重量的降序排序。将“Sheet1”工作表复制为“Sheet1（2）”工作表。

（16）在“Sheet1”工作表中筛选出不是“台电”品牌且重量在 70～90g 的产品，把结果复制到“Sheet3”工作表的 A1 单元格中。显示“Sheet1”工作表中的所有数据。

（17）在“Sheet1”工作表中使用数据透视表，按存储容量统计每种品牌商品的个数、总的重量和最高参考价格，结果放在新的工作表中。在数据透视表中隐藏行汇总。

（18）将纸张大小设置为 A4，上、下页边距设置为 2 厘米。将页眉设置为“分类汇总表”，居中放置。将页脚设置为当前日期，靠右放置。

第4章 演示文稿软件 PowerPoint 2010

知 识 要 点

1. PowerPoint 2010 的窗口及视图方式

PowerPoint 2010 应用程序窗口由标题栏、功能区、状态栏、大纲/幻灯片视图窗格、幻灯片窗格和备注窗格等部分组成。为了满足不同用户的需求，PowerPoint 2010 提供了普通视图、幻灯片浏览视图、备注页视图和阅读视图 4 种演示文稿视图，幻灯片放映视图以及幻灯片母版、讲义母版和备注母版 3 种母版视图。单击状态栏的视图切换按钮或是功能区“视图”选项卡中的视图切换按钮，即可切换到相应的视图方式下。每种视图都有自己特定的显示方式。在一种演示文稿视图中对演示文稿的修改会自动反映在该演示文稿的其他视图中。

2. 创建演示文稿

演示文稿是一种在 PowerPoint 软件中创建与播放的电子幻灯片，一般用于制作会议讲稿与课堂教案。用户可以用新建空白演示文稿、根据主题、根据样本模板、根据现有内容或根据从 office.com 下载的模板等方法来创建演示文稿。这些方法都有各自的特点和应用场合，应根据需要进行选择。

3. 格式化幻灯片

幻灯片格式的设置包含文本格式化、使用主题和幻灯片背景设置等。单击功能区“开始”选项卡“字体”组中的按钮，可以设置文本的字体、字形、字号、颜色等；单击“开始”选项卡“段落”组中的“行距”按钮，可以设置行间、段前、段后的距离；单击“开始”选项卡“段落”组中的“分栏”按钮可以对幻灯片文本进行分栏；使用“段落”组中的“项目符号”按钮，可以给文本设置项目符合和编码；另外单击功能区“设计”选项卡“背景”组中的“背景样式”按钮，可以设置幻灯片的背景。

主题指的是包含演示文稿样式的文件，其样式包括配色方案、背景、字体样式和占位符位置等。在演示文稿中选择使用某种主题后，则在该演示文稿中使用此主题的每张幻灯片都会具有统一的颜色配置和布局风格。用户可通过单击功能区“设计”选项卡“主题”组的按钮来选择使用主题。

主题是主题颜色、主题字体和主题效果三者的组合。在选定主题后，用户还可根据需要对主题的颜色、字体和效果做进一步设置。

4. 管理幻灯片

管理幻灯片包括插入、删除、移动与复制幻灯片。在大纲/幻灯片视图窗格中选中一张幻灯片，然后按 Enter 键，即可插入一张幻灯片。在普通视图的大纲/幻灯片视图窗格中或在浏览视图中，选取一张或多张要删除的幻灯片，右击，在弹出的快捷菜单中选择“删除幻灯片”命令，即可以删除幻灯片（或在选好幻灯片后按 Delete 键也可删除幻灯片）。在普通视图的大纲/幻灯片视图窗格中或在浏览视图中，选取一张或多张要复制的幻灯片，右击，在弹出的快捷菜单中选择“复制”命令，然后在要粘贴的位置右击，在弹出的快捷菜单中选择“粘贴”命令，即可以复制幻灯片。

5. 插入对象

在 PowerPoint 中可以插入的对象包括文本框、艺术字、页眉页脚、图形、图片、图表、音频、视频以及超链接等。使用插入对象可以丰富幻灯片的内容，其基本操作方法有两种：一种是利用包含该对象占位符的版式进行设置；另一种是使用“插入”选项卡的按钮直接插入。

6. 母版

母版可以被看成含有特定格式的一类幻灯片的模板，它包含了字体、占位符的大小和位置、背景设计等信息。更改母版中的某些信息，将会影响采用该母版的演示文稿中的所有幻灯片的排版。PowerPoint 2010 有 3 种母版：幻灯片母版、讲义母版和备注母版，分别用于控制演示文稿中的幻灯片、讲义页和备注页的格式。打开演示文稿后，单击“视图”选项卡→“母版视图”组中的“幻灯片母版”按钮，即可进入幻灯片母版视图进行编辑。关闭母版后，母版将按修改后的样式保存。

7. 设置幻灯片动画效果

动画是可以添加到文本或其他对象（如图形或图片）的特殊视觉或声音效果。例如，人们习惯于从左到右进行阅读，因而可以将幻灯片的动画设计成从左边飞入；在强调重点时，改为从右边飞入。这种变换可以突出重点、控制信息流，并增加演示文稿的趣味性。

幻灯片的动画效果包括幻灯片中某个对象的动画效果和幻灯片的切换效果。在“动画”选项卡的“动画”组中，可以为幻灯片中的各个对象设置动画效果，并安排动画的出现顺序，以及设置激活动画的方式等。幻灯片的切换效果是指在幻灯片放映过程中为幻灯片切换而设置的特殊效果，既可以为一组幻灯片设置一种切换效果，也可以为每一张幻灯片设置不同的切换效果。

8. 放映幻灯片

单击“幻灯片放映”选项卡→“开始放映幻灯片”组中的“从头开始”或“从当前幻灯片开始”按钮，即可放映幻灯片。放映过程中，可通过单击一张一张地依次放映幻灯片，也可以右击，在弹出的快捷菜单中选择“下一张”或“上一张”命令来切换幻灯片。如果对幻灯片默认的放映方式不满意，可以单击“幻灯片放映”选项卡→“设置”组中的“设置幻灯片放映”按钮，弹出“设置放映方式”对话框，对幻灯片的放映方式进行设置。

4.1 实验1 PowerPoint 基本操作

实验目的

（1）掌握创建演示文稿的基本过程。

（2）学习使用主题和母版等高效快捷的编辑功能。

（3）熟悉插入对象的基本方法。

（4）掌握演示文稿放映的基本操作。

实验内容

1. 实验要求

（1）新建演示文稿，选择名称为“波形”的主题和“标题幻灯片”版式，输入标题“大学计算机应用基础”，字体为华文行楷，字号 60，加粗；副标题“任课教师”，加粗。

（2）插入一张版式为“标题和内容”的新幻灯片，添加标题“课程概述”，正文内容如下。

计算机概述
微型计算机系统组成
Windows XP 操作系统
文字处理软件 Word 2010
电子表格软件 Excel 2010
演示文稿软件 PowerPoint 2010
计算机网络与 Internet 应用
多媒体基础与软件应用
软件开发基础

（3）给正文添加 1、2、3 等数字编号。

（4）插入一张版式为“标题和内容”的新幻灯片，添加标题“课程学时安排”，插入“簇状柱形图”图表，在“Microsoft PowerPoint 中的图表- Microsoft Excel”窗口中输入每一章的学时，如图 4-1 所示。

	A	B	C	D	E	F	G	H	I	J
1		第1章	第2章	第3章	第4章	第5章	第6章	第7章	第8章	第9章
2	课时	1	1	2	4	4	2	2	2	1

图 4-1 图表对应数据

（5）插入一张版式为“标题和内容”的幻灯片，添加标题“教材及其参考书”，正文内容如下。

教材
大学计算机应用基础 唐光海 电子工业出版社
参考书

最新计算机应用基础 张海棠 电子工业出版社

（6）将正文第二段和第四段降为二级。

（7）插入一张“空白”版式的新幻灯片，插入艺术字“第 1 章 计算机概述”。

（8）插入水平文本框，向文本框中添加如下正文内容。

1.1 计算机的发展和展望

1.2 计算机的特点及应用

1.3 计算机中信息的表示与存储

（9）将文本框中正文字体设置为宋体，字号设置为 28。

（10）将文本框中正文行距设置为单倍行距，段前距设置为 1cm。

（11）插入一张剪贴画并将其移动到合适位置。

（12）将第四张幻灯片移动到第二张幻灯片后面。

（13）修改幻灯片母版。使每张幻灯片的左上方有一个文本框，文本框内容为“大学计算机应用基础”，并制作页脚“中南民族大学”。

（14）保存演示文稿。

2. 实验步骤

打开 PowerPoint 后进行以下操作。

（1）制作第一张幻灯片。

① 选择“文件”→“新建”命令，在“可用的模板和主题”选项区域选择“主题”选项，则“可用的模板和主题”选项区域显示 PowerPoint 已安装的主题列表。选择名称为“波形”的主题并单击“创建”按钮。新创建的演示文稿自动包含一张版式为“标题幻灯片”的幻灯片。

② 单击添加标题占位符，输入标题“大学计算机应用基础”，将字体设置为华文行楷，字号设置为 60、加粗。

③ 单击添加副标题占位符，输入副标题“任课教师”，加粗。

（2）制作第二张幻灯片。

① 在大纲/幻灯片视图窗格中选中第一张幻灯片，然后按 Enter 键，PowerPoint 会自动插入一张版式为“标题和内容”的新幻灯片。

② 添加标题“课程概述”。

③ 单击添加文本占位符，添加如下正文内容。

计算机概述

微型计算机系统组成

Windows XP 操作系统

文字处理软件 Word 2010

电子表格软件 Excel 2010

演示文稿软件 PowerPoint 2010

计算机网络与 Internet 应用

多媒体基础与软件应用

软件开发基础

（3）选中添加文本占位符，单击“开始”选项卡→“段落”组中的“编号”按钮☰ ▾，为正文添加 1、2、3 等数字编号。

（4）制作第三张幻灯片。

① 在大纲/幻灯片视图窗格中选中第二张幻灯片，然后按 Enter 键，在第二张幻灯片后自动插入一张版式为“标题和内容”的新幻灯片。

② 输入标题“课程学时安排”。

③ 单击“插入”选项卡→“插图”组中的“图表”按钮，弹出“插入图表”对话框。在其中选择“簇状柱形图”后单击“确定”按钮，出现“Microsoft PowerPoint 中的图表- Microsoft Excel”窗口。

④ 在窗口数据区输入每一章的学时，如图 4-1 所示。

⑤ 关闭 Excel 窗口。当前幻灯片中生成如图 4-2 所示的图表。

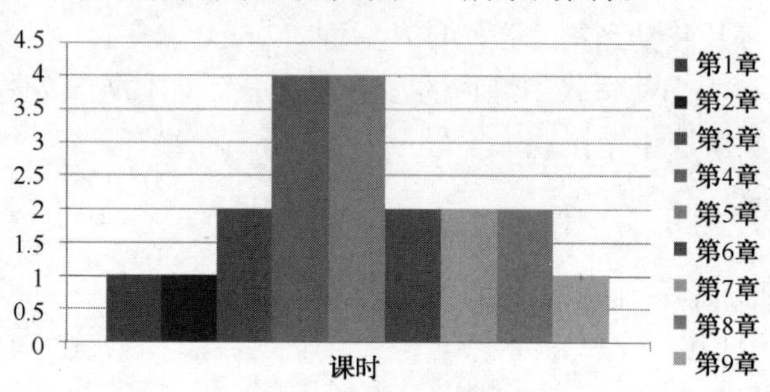

图 4-2　生成的图表

（5）制作第四张幻灯片。

① 插入一张幻灯片。

② 添加标题“教材及其参考书”。

③ 添加如下正文内容。

教材

大学计算机应用基础 唐光海 电子工业出版社

参考书

最新计算机应用基础 张海棠 电子工业出版社

（6）在正文第二段中任意位置单击，单击“开始”选项卡→“段落”组中的“增加缩进量”按钮，将该段降为二级。用同样的方法将正文第四段降为二级。

（7）制作第五张幻灯片。

① 插入一张新幻灯片，将幻灯片版式修改为“空白”版式。

② 单击“插入”选项卡→“文本”组中的“艺术字”下拉按钮，在弹出的艺术字样式库中选择合适的样式，当前幻灯片中出现艺术字占位符。输入“第 1 章 计算机概述”8 个字，艺术字将被加入到幻灯片中。调整其大小和位置。

（8）单击“插入”选项卡→“文本”组中的“文本框”按钮，在幻灯片上放置文字的位置按住鼠标左键并向右下角拖动产生文本框。文本框中添加如下正文内容。

1.1 计算机的发展和展望

1.2 计算机的特点及应用

1.3 计算机中信息的表示与存储

（9）将正文字体设置为宋体，字号设置为28。

（10）选中文本框，单击“开始”选项卡→“段落”组中的“行距”下拉按钮，在弹出的下拉列表中选择“行距选项”选项，弹出“段落”对话框。将“行距”设置为“单倍行距”，“段前”设置为“1 厘米”，单击“确定”按钮，即可设置行间和段前距离。

（11）单击“插入”选项卡→“图像”组中的“剪贴画”按钮，打开“剪贴画”窗格。在窗格中的“搜索文字”文本框中输入“computer”，单击“搜索”按钮，然后单击选定的剪贴画，幻灯片上即出现该剪贴画。将其移动到合适的位置。

（12）交换第三张幻灯片和第四张幻灯片的位置。

在普通视图的大纲/幻灯片视图窗格中选中第四张幻灯片，用鼠标将其拖到第二张幻灯片后面。

（13）编辑幻灯片母版。

单击“视图”选项卡→“母版视图”组中的“幻灯片母版”按钮，进入幻灯片母版视图。此时，窗口左侧显示各种版式的母版列表。选择列表中的第一个母版，单击“插入”选项卡→“文本”组中的“文本框”按钮，在幻灯片的左上方位置插入文本框，在文本框中输入“大学计算机应用基础”。单击“插入”选项卡→“文本”组中的“插入页眉页脚”按钮，弹出“页眉和页脚”对话框，选中“页脚”复选框，并输入“中南民族大学”；单击“幻灯片母版”选项卡→“关闭”组中的“关闭母版视图”按钮，回到普通视图。

（14）保存演示文稿。

以“大学计算机应用基础.pptx”为名称将演示文稿保存在指定的文件夹中。

操作练习

（1）在演示文稿中插入一张版式为“标题幻灯片”的幻灯片，并将演示文稿主题设置为“气流”。

（2）输入标题内容“美好的大学时光”，将字体设置为隶书、60 号、加粗。输入副标题内容“影音版”，将字体设置为隶书、32 号、加粗。

（3）插入第二张幻灯片，版式为“空白”。在该幻灯片中插入任意一副剪贴画。设置剪贴画从底部“飞入”的动画效果，位置为水平 11.22cm，垂直 4.23cm，“外部”阴影效果为“右下斜偏移”。在剪贴画下面插入水平文本框，内容为“几年的大学生活使我们成为朋友”，字体为华文行楷，字号为 32 号。

（4）插入第三张幻灯片，版式为“空白”。在新幻灯片中插入来自文件中的影片（任意影片），在影片下面插入水平文本框，输入内容为“时间转瞬即逝”，将其设置为隶书，48 号字。

（5）插入第四张幻灯片，版式为“空白”。在新幻灯片中插入任意一张剪贴画，动画效果为从左侧“飞入”。插入水平文本框，内容为“我们的未来掌握在自己的手中。”，将其字号设置为 40，添加阴影，将其动画效果设置为“向内溶解”。插入艺术字样式库中第 6 行第 5 列样式的艺术字，内容为“同学们努力吧！”，将其设置为隶书，字号 40。

4.2 实验 2 PowerPoint 高级操作

实验目的

（1）掌握幻灯片中的超链接技术。

（2）掌握幻灯片中插入声音和影片的方法。

（3）掌握幻灯片的动画技术。

（4）掌握幻灯片放映方式的设置方法。

实验内容

1. 实验要求

按以下要求制作如图 4-3 所示的演示文稿效果。

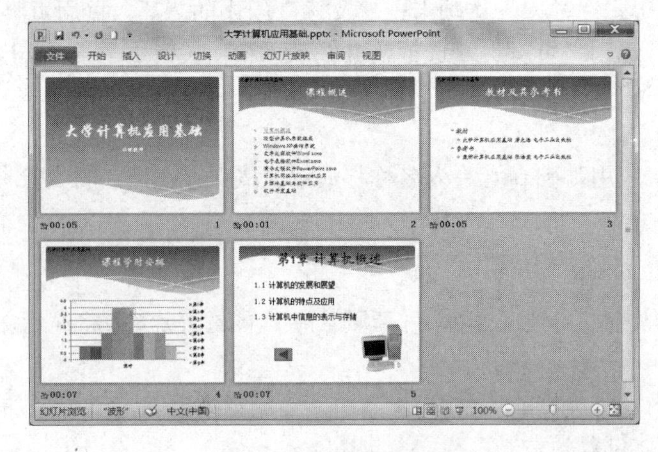

图 4-3 演示文稿最终效果

（1）为第二张幻灯片中的“计算机概述”插入超链接，链接目标为第五张幻灯片。

（2）在第五张幻灯片中插入“上一张幻灯片”类型的“动作按钮”，设置动作为单击鼠标时超级链接到第二张“课程概述”幻灯片。

（3）为第五张幻灯片中的艺术字添加动作路径，为“橄榄球形”的动画效果，声音为“风铃”，并设置使艺术字随同幻灯片一起出现。

（4）为第五张幻灯片中的文本框添加“百叶窗”进入效果。

（5）为第五张幻灯片中的图片添加“飞入”进入效果和“陀螺旋”的强调效果。

（6）在第四张幻灯片中插入系统盘下的“Windows/Media/ Windows 启动.wav”声音文件，使其可以自动开始播放，并可跨幻灯片、循环播放，设置使幻灯片放映时隐藏小喇叭图标。

（7）设置所有幻灯片间以“水平百叶窗”方式进行切换。

（8）进行排练计时并将放映方式设置为“在展台浏览（全屏幕）”方式，并设置为“如果存在排练时间，则使用它”。

2. 实验步骤

打开本章实验 1 中的“大学计算机应用基础.pptx”演示文稿进行如下操作。

（1）设置超链接。

① 在大纲/幻灯片视图窗格中选中第二张幻灯片，在幻灯片编辑窗格中选中“计算机概述”，并在其上右击，在弹出的快捷菜单中选择“超链接”命令，弹出“插入超链接”对话框，如图 4-4 所示。

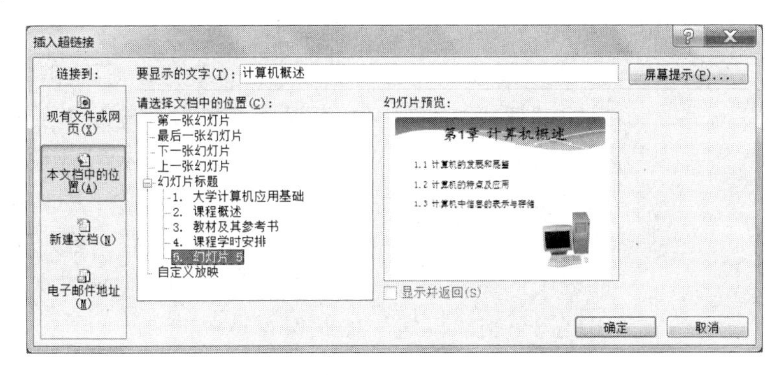

图 4-4 “插入超链接”对话框

② 选择“链接到”列表中的“本文档中的位置”选项，在“请选择文档中的位置”列表中选择第五张幻灯片作为链接目标，该幻灯片的预览图会同时出现在右侧。最后单击“确定”按钮。

（2）插入动作按钮。

① 在大纲/幻灯片视图窗格中选中第五张幻灯片，单击“插入”选项卡→“插图”组中的“形状”下拉按钮，弹出下拉列表。拖动下拉列表的滚动条，在“动作按钮”选项区域选择“后退或前一项”选项，然后在幻灯片的左下角位置处拖动鼠标即出现一个动作按钮，同时弹出“动作设置”对话框，如图 4-5 所示。

② 在“单击鼠标”选项卡中选中“超链接到”单选按钮，在下拉列表中选择“幻灯片”选项，弹出“超链接到幻灯片”对话框，如图 4-6 所示。

图 4-5 “动作设置”对话框

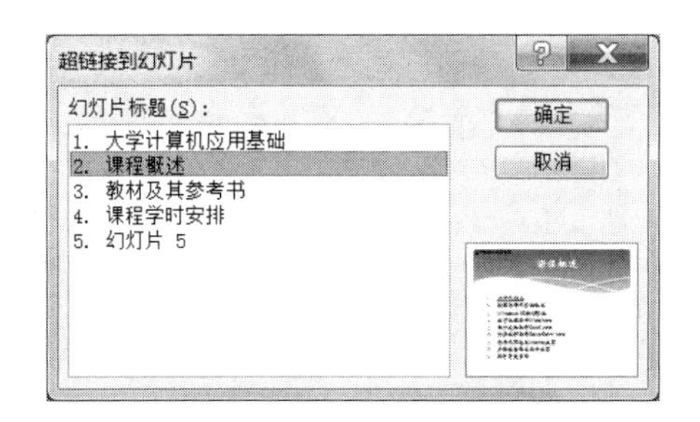

图 4-6 “超链接到幻灯片”对话框

③ 在“幻灯片标题”列表中选择“2．课程概述”选项，单击“确定”按钮回到“动作设置”对话框，再单击“确定”按钮即可完成动作设置。

（3）为第五张幻灯片中的对象设置动画。

① 在大纲/幻灯片视图窗格中选中第五张幻灯片，在幻灯片编辑窗格选中艺术字，单击“动画”选项卡→“动画”组中的“其他”按钮，弹出动画效果下拉列表。在列表中选择“其他动作路径”选项，在弹出的“更改动作路径”对话框中选择“橄榄球形”选项，再单击“确定”按钮，即可将艺术字设置为“橄榄球形”的动画效果。

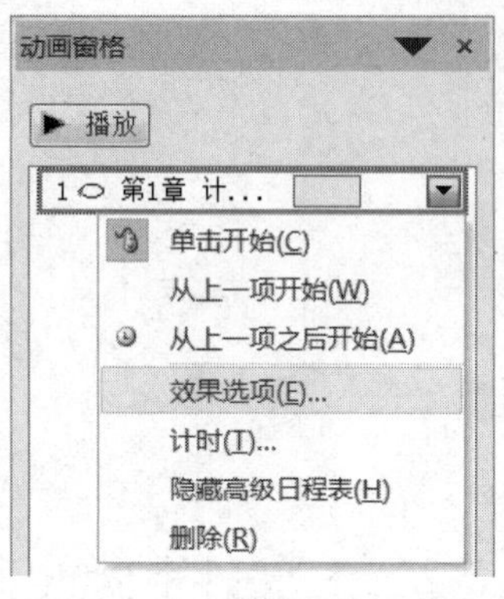

图 4-7 在“动画窗格”窗格中设置动画选项

② 单击“动画”选项卡→“高级动画”组中的“动画窗格”按钮，打开“动画窗格”窗格，单击编号为 1 的对象右侧的下拉按钮，如图 4-7 所示，在下拉列表中选择“效果选项”选项，弹出“橄榄球形”对话框。在“效果”选项卡中将声音设置为“风铃”；在“计时”选项卡中，单击“开始”栏的下拉按钮，在下拉列表中选择“与上一动画同时”选项，使艺术字随同幻灯片一起出现。单击“确定”按钮保存设置。

（4）选中幻灯片中的文本框，单击“动画”选项卡→“动画”组中的“其他”按钮，弹出动画效果下拉列表。在列表中选择“更多进入效果”选项，并在“更改进入效果”中选择“百叶窗”选项，单击“确定”按钮，即可为文本添加该动画效果。

（5）选中幻灯片中的图片，首先单击“动画”选项卡→“动画”组中的“飞入”按钮；然后再单击“动画”选项卡→“高级动画”组中的“添加动画”下拉按钮，并选择“强调”选项区域的“陀螺旋”效果。

（6）为第四张幻灯片添加音频。

① 在大纲/幻灯片视图窗格中选中第四张幻灯片，单击“插入”选项卡→“媒体”组中的“音频”下拉按钮，在弹出的下拉列表中选择“文件中的音频”选项，弹出“插入音频”对话框。在对话框中选择“C:\Windows\Media\Windows 启动.wav”文件（这里假设 Windows 操作系统安装在 C 盘。安装操作系统的硬盘分区称为系统盘，通常为 C），并单击“插入”按钮，幻灯片中出现小喇叭图标和播放器。

② 功能区出现“音频工具”栏，其中有“格式”和“播放”2 个选项卡，“播放”选项卡如图 4-8 所示。

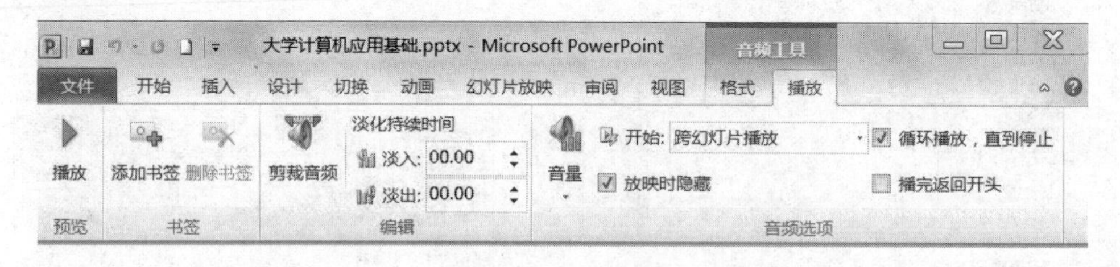

图 4-8 “音频工具”的“播放”选项卡

③ 单击“播放”选项卡→“音频选项”组中的“开始”下拉按钮，在弹出的下拉列表中选择“跨幻灯片播放”选项。这样，在放映至该幻灯片时自动开始播放音频剪辑，且在切换至下一张幻灯片后继续播放。

④ 选中“音频选项”组中的“循环播放，直到停止”复选框，使音频循环播放。

⑤ 选中“音频选项”组中的“放映时隐藏”复选框，以使放映状态时不显示小喇叭图标。

（7）设置幻灯片切换效果。

① 单击“切换”选项卡→“切换到此幻灯片”组中的“其他”按钮，选择“百叶窗”切换方式；单击“切换”选项卡→“切换到此幻灯片”组中的“效果选项”下拉按钮，在弹出的下拉列表中选择方向为“水平”。

② 单击“切换”选项卡→“计时”组中的“全部应用”按钮。

（8）设置排练计时。

① 单击“幻灯片放映”选项卡→“设置”组中的“排练计时”按钮，进入全屏幕放映状态，当完成一张幻灯片的计时后，单击切换到下一张；当排练放映结束后，会弹出确认对话框，单击“是”按钮则保存排练计时。

② 单击“幻灯片放映”选项卡→“设置”组中的“设置幻灯片放映”按钮，弹出“设置放映方式”对话框。在对话框中设置放映类型为“在展台浏览（全屏幕）”，设置换片方式为“如果存在排练时间，则使用它”。单击“确定”按钮保存设置。

操作练习

（1）在演示文稿中插入一张幻灯片，幻灯片版式为“空白”。

（2）插入水平文本框，输入内容为“路在哪里呢？？？”，字体设置为华文新魏、32 磅、加粗、阴影。动画设置为“螺旋飞入”。

（3）插入形状中的右箭头，将填充色设置为黄色（红色 255，绿色 255，蓝色 0），将动画设置为“飞入”，方向“自左侧”，开始时间设置为“上一动画之后”。

（4）插入一个椭圆，将填充色设置为深灰色（红色 95，绿色 95，蓝色 95），将动画设置为“向内溶解”，声音设置为“疾驰”。在它的右上方加入一个椭圆形标注，颜色默认，在其中加入文本“谁把井盖拿走了？”。动画设置为“劈裂”，方向为“中央向上下展开”。

（5）再插入一张幻灯片，幻灯片版式为“空白”。插入艺术字样式库中第 1 行第 1 列样式的艺术字，内容为“每个公民都应当遵守公民的基本道德规范”，字体为宋体，大小为 36。艺术字“外部”阴影效果为“左上斜偏移”，动画设置为“浮入”，方向为“上浮”。设置第二张幻灯片的背景为“图片或纹理填充”效果中的“白色大理石”。

（6）将所有幻灯片的切换效果设置为“随机线条”，方向为“水平”。

第5章 计算机网络与Internet应用

知识要点

1. 对网络的认识

计算机网络是计算机技术与通信技术结合的产物。按照资源共享的观点，将计算机网络定义为以各种通信设备和传输介质，将处于不同位置的多台独立计算机连接起来，并在相应网络软件的管理下，实现多台计算机之间信息传递和资源共享的系统。

2. 网络的分类

（1）按照网络的覆盖范围来分类，可以将网络分为局域网、城域网和广域网。

（2）按照网络所采用的传输技术来分类，可以将网络分为广播式网络和点到点式网络。

（3）按照网络的传输介质来分类，可以将网络分为有线网络和无线网络。

（4）按照网络的拓扑结构来分类，可以将网络分为环形网、星形网、总线型网和树形网。

3. 对网络拓扑结构的理解

网络中各台计算机连接的形式和方法称为网络的拓扑结构。常见的网络拓扑结构有总线型拓扑结构、星形拓扑结构、环形拓扑结构、树形拓扑结构等。

4. 网卡

网络系统中的一种关键硬件是适配器，俗称网卡。在局域网中，网卡起着重要的作用。网卡的功能主要有两个：一是将计算机的数据封装为帧，并通过网线将数据发送到网络上去；二是接收网络上其他设备传过来的帧，并将帧重新组合成数据，发送到所在的计算机中。

5. 网线

要连接局域网，网线是必不可少的。在局域网中常见的网线主要有双绞线、同轴电缆和光纤 3 种。

6. 集线器

集线器的英文名称为 Hub。集线器的主要功能是对接收到的信号进行整形放大，以扩大网络的传输距离，同时把所有节点集中在以它为中心的节点上。集线器工作于 OSI 参考模型的物理层。

7. TCP/IP 协议及其安装、配置的方法

Internet 上所使用的网络协议是 TCP/IP，它因两个主要协议——传输控制协议（TCP）和网络互连协议（IP）而得名。

TCP/IP 协议的安装方法如下。

（1）在计算机桌面上右击“网络”图标，在弹出的快捷菜单中选择“属性”命令，在打开的窗口中单击“本地连接”文本链接，弹出“本地连接状态”对话框。

（2）在对话框中单击“属性”按钮，弹出“本地连接属性”对话框。

（3）单击对话框中的“安装”按钮，在弹出的“选择网络功能类型”对话框中选择“协议”选项，然后单击“添加”按钮，弹出“选择网络协议”对话框。

（4）选择“Internet 协议（TCP/IP）”选项，然后单击“确定”按钮。

8. IP 地址的分类和子网掩码

Internet 上的每一台计算机都被赋予了一个世界上唯一的 32 位 Internet 地址，简称 IP 地址。IP 地址由两部分组成，其中网络地址用来标识该计算机属于哪个网络，主机地址用来标识是该网络上的哪台计算机。

为了便于对 IP 地址进行管理，充分利用 IP 地址以适应主机数目不同的各种网络，对 IP 地址进行了分类，共分为 A、B、C、D、E 五类地址。A 类地址由 1 个字节的网络地址和 3 个字节的主机地址组成，网络地址的最高位必须是“0”；B 类地址由 2 个字节的网络地址和 2 个字节的主机地址组成，网络地址的最高两位必须是“10”；C 类地址由 3 个字节的网络地址和 1 个字节的主机地址组成，网络地址的最高三位必须是“110”；D 类地址被称为组播地址，以“1110”开头；E 类地址是保留地址，以“11110”开头，主要为将来使用保留。

为了进行子网划分，引入了子网掩码的概念。子网掩码和 IP 地址一样，也是一个 32 位的二进制数，用圆点分隔成 4 组。子网掩码规定，将 IP 地址的网络标识和子网标识部分用二进制 1 表示，主机标识部分用二进制 0 表示。

实验　Internet 基础应用

实验目的

（1）掌握在 Windows 7 中网络资源配置的方法。

（2）熟悉 Internet 各种工具的操作。

实验内容

1. 网络资源配置

（1）共享文件夹设置。

在 D 盘根目录下，建立一个“共享文件”文件夹，并将该文件夹中的文档设置成能被工作组内所有用户访问。

① 打开“计算机”，在 D 盘根目录下新建名为“共享文件”的文件夹，并从硬盘中任一个文件夹中选择一个 Word 文档和一个文本文件，复制到该文件夹中。

② 选中“共享文件”文件夹，右击，在弹出的快捷菜单中选择“属性”命令，弹出“共享文件 属性”对话框，如图 5-1 所示。

③ 单击“共享”选项卡中的“共享”按钮，在弹出的“文件共享”对话框中选择要与其共享的用户，并设置读写权限，如图 5-2 所示，最后单击“共享”按钮完成设置。

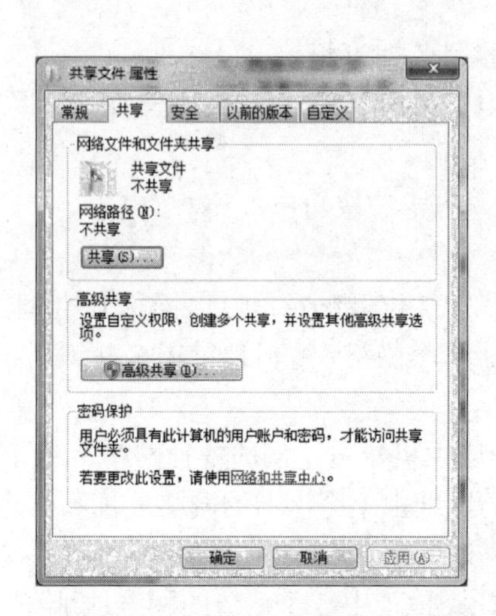

图 5-1 “共享文件 属性”对话框

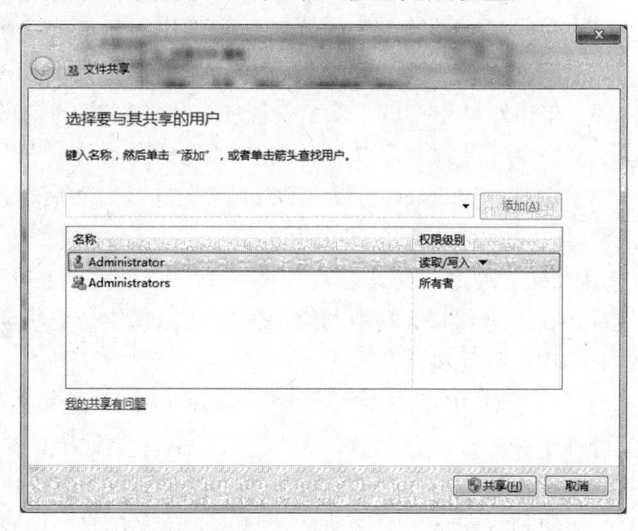

图 5-2 “文件共享”对话框

（2）获取“工作组计算机”的共享资源。

在计算机上通过“网络”，可以访问已完成共享设置的文件夹。

① 在桌面上双击“网络”图标，打开“网络”窗口。

② 工作组内的计算机和资源会显示在窗口中。双击某台计算机名，即可进入该计算机的共享目录。

（3）查看计算机的网络配置。

① 查看或修改计算机的网络标识。

◆ 在桌面上右击“计算机”图标，在弹出的快捷菜单中选择“属性”命令，打开“系统”窗口，如图 5-3 所示。

◆ 在该窗口中单击“更改设置”文本链接，在弹出的对话框中选择“计算机名”选项卡，单击“更改”按钮，就可以在新的对话框中修改本机的计算机名和所在的工作组。

② 查看或修改计算机的网络配置。

◆ 在桌面上右击“网络”图标，在弹出的快捷菜单中选择“属性”命令，打开“网络和共享中心”窗口。

◆ 在窗口中单击“本地连接”文本链接，弹出“本地连接 状态”对话框，如图 5-4 所示，单击“属性”按钮，弹出“本地连接 属性”对话框，如图 5-5 所示。

图 5-3 “系统”窗口

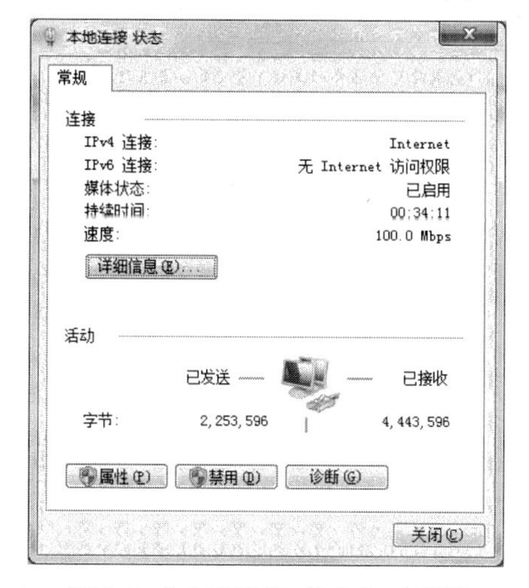

图 5-4 “本地连接 状态”对话框

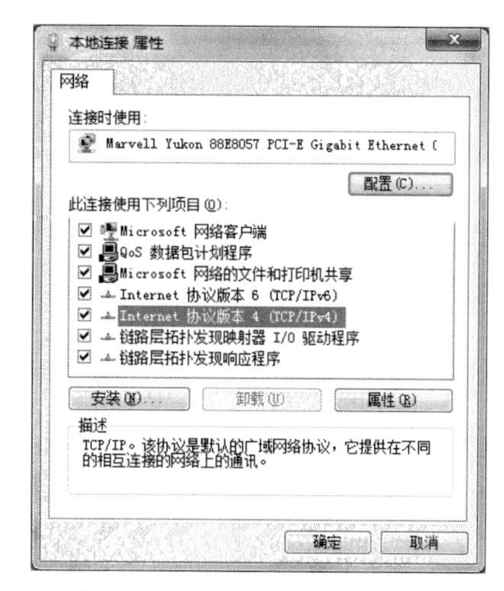

图 5-5 “本地连接 属性”对话框

◆ 在“此连接使用下列项目”列表中选中“Internet 协议版本 4（TCP/IPv4）”复选框，然后单击“属性”按钮，弹出“Internet 协议版本 4（TCP/IPv4）属性”对话框，如图 5-6 所示。

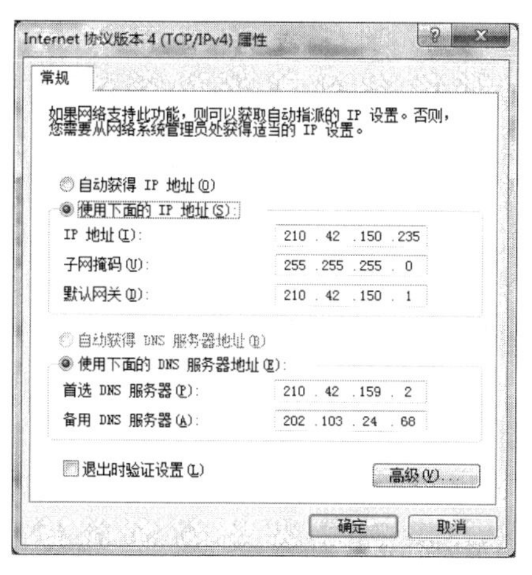

图 5-6 “Internet 协议版本 4（TCP/IPv4）属性”对话框

2. IE浏览器的使用

（1）熟悉 IE 浏览器的窗口组成。

IE 浏览器窗口如图 5-7 所示。

图 5-7　IE 浏览器窗口

① 菜单栏：提供 6 个菜单项，实现对网页的保存、复制、设置属性等多种功能。

② 地址栏：显示当前页的标准化 URL 地址，输入要访问站点的网址后按 Enter 键即可。

③ 状态栏：显示当前操作的状态信息，如下载进度等。

（2）熟悉 IE 的常用工具栏。

① 查看当前网页的最新信息，可直接单击“刷新”按钮。如果网络传输速度过慢，或者页面的信息量太大，等待时间过长，可单击“停止”按钮。

② 查看刚浏览过的网页，可直接单击“后退”按钮。单击“前进”按钮就可以进入下一个已经浏览过的页面。

③ 查看近几天浏览过的网页，可直接单击“历史”按钮。

④ 可以将自己经常浏览的网页保存在“收藏夹”中。

（3）网页的保存。

要求将中南民族大学的主页保存到本地计算机的“D:\资料\信息”文件夹下，查看主页的源文件，并将源文件复制到“D:\资料”文件夹下的一个 CSS 层叠样式表文件中，并将该文件命名为“htm”。

① 打开 IE 浏览器，在地址栏中输入“http://www.scuec.edu.cn”。

② 选择“文件”→“另存为”命令，在弹出的“保存网页”对话框中选择存储地址“D:\资料\信息”，如果没有此文件夹，则新建该文件夹。

③ 单击弹出“保存类型”下拉列表，有 4 种保存类型可以选择，如图 5-8 所示。

◆ “网页，全部”：保存页面 HTML 文件和所有超文本（如图像、动画等）的详细信息。

◆ “Web 档案，单个文件”：把当前页的全部信息保存在一个 MIME 编码文件中。

◆ “网页，仅 HTML”：只保存当前页面的内容，将其保存为一个扩展名为“.html”的文件。

◆ “文本文件”：将页面的文字内容保存为一个文本文件。

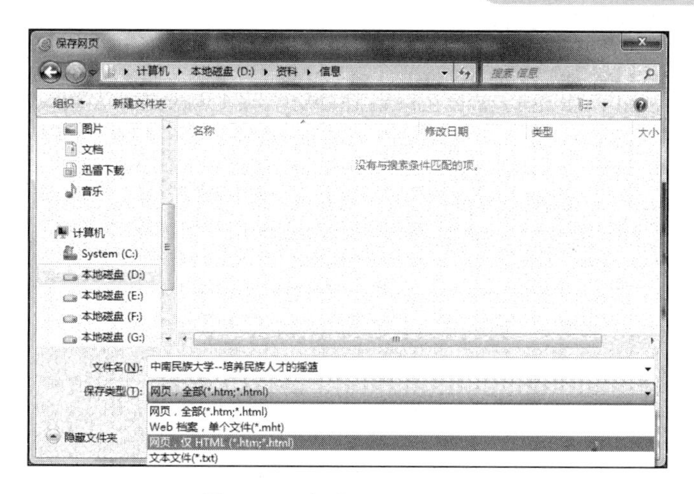

图 5-8　“保存网页”对话框

④ 最后单击“保存”按钮，完成网页保存操作。

⑤ 选择“查看”→“源文件”命令，可打开该网页的源文件。

⑥ 在记事本中选择“文件”→“保存”命令，选择存储地址“D:\资料”，如果没有此文件夹，就新建此文件夹，保存类型选择“CSS 文件”，在文件名处填写“htm”，单击“保存”按钮，完成操作。

（4）Internet 选项中的设置。

打开 IE 浏览器，选择“工具”→“Internet 选项”命令，弹出“Internet 选项”对话框，如图 5-9 所示。

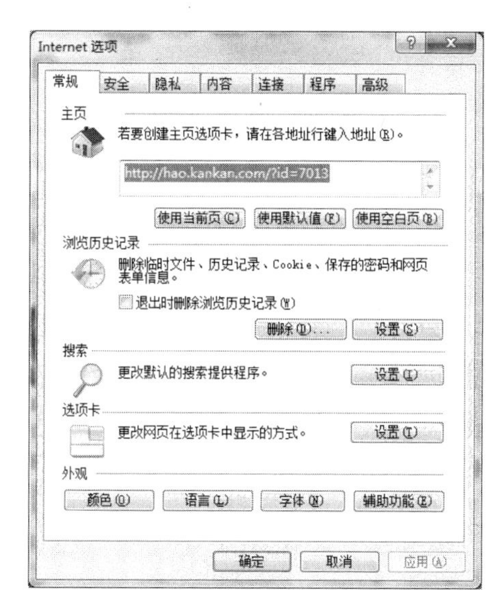

图 5-9　“Internet 选项”对话框

① 设置浏览器主页。浏览器主页就是每次使用浏览器时打开的第一个页面。

如果要把“http://www.scuec.edu.cn”作为浏览器的主页，需要在地址文本框中输入“http://www.scuec.edu.cn”，然后单击“使用当前页”按钮。

② 删除 Internet 临时文件。浏览器会自动将用户访问过的主页，保存到本地硬盘的专用临时文件夹中。这样，当再次访问该主页时，由于它已经在临时文件夹中，就可以直接读取页面内容而无须重新下载，但它们会占用大量的硬盘空间。可以通过单击“删除文件”按钮，来删除临时文件夹中的内容，节约硬盘空间。

单击“设置”按钮，可以查看 Internet 临时文件的存放路径和磁盘预留空间。

③ 清除历史记录。浏览器同样会自动保存用户访问过的网址记录，单击“清除历史记录”按钮，就会删除所有历史记录。系统默认设置为保存用户 20 天的访问记录。

（5）收藏夹的使用。

要求在收藏夹文件夹中新建一个“高校学习”文件夹，并将网页“http://www.scuec.edu.cn”保存在该文件夹中。

① 打开 IE 浏览器，在地址栏中输入“http://www.scuec.edu.cn”。

② 选择“收藏夹”→“添加到收藏夹”命令，在弹出的“添加到收藏夹”对话框中，将网页名称改为“中南民族大学”。

③ 选择“收藏夹”→“整理收藏夹”命令，弹出“整理收藏夹”对话框。

④ 单击“新建文件夹”按钮，在对话框右侧会出现一个“新建文件夹”，将新建的文件夹重命名为“高校学习”。

⑤ 弹出“整理收藏夹”对话框，选中其中的“中南民族大学”选项，然后单击“移动”按钮，弹出的在“浏览文件夹”对话框中选择“高校学习”选项，然后单击“确定”按钮。

3. 搜索引擎的使用

（1）以下是一些常用的搜索引擎。

① 百度：http://www.baidu.com。

② 谷歌：http://www.google.com.hk。

③ 雅虎：http://cn.yahoo.com。

④ 搜狗：http://www.sogou.com。

（2）使用搜索引擎。

① 打开 IE 浏览器，在地址栏中输入搜索引擎的地址，如“http://www.baidu.com”。

② 打开百度主页后，在检索关键字栏中输入“中国梦”，如图 5-10 所示。

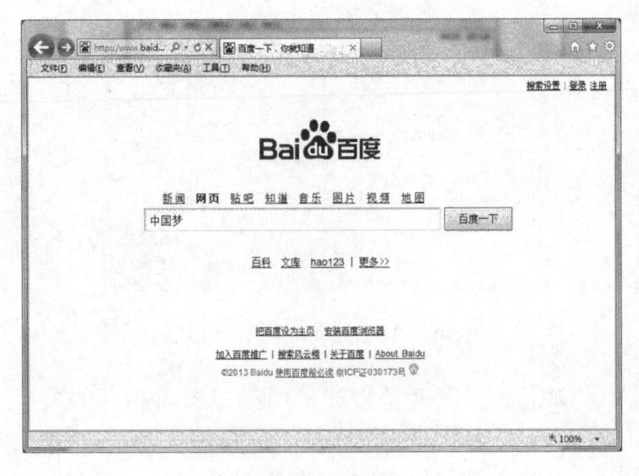

图 5-10　百度搜索引擎

③ 单击“百度一下”按钮，得到显示结果，共有数十页，每页有一个编号，可以通过单击不同的页编号，浏览搜索结果。

④ 选择某条结果，直接单击进入，可以阅读具体内容。

⑤ 如果觉得搜索结果不够精确，还可以采用二次查询。在查询结果的页面底部有如图 5-11 所示的输入框，输入关键字后，单击“结果中找”文本链接，得到新的搜索结果列表。

图 5-11 二次查询

⑥ 搜索图片的过程与网页类似，首先单击搜索引擎上的“图片”文本链接，在打开的新窗口中输入关键字“中国梦”，单击“百度一下”按钮，就可以得到搜索结果。

4. 电子邮箱的申请和使用

电子邮件是 Internet 最重要的应用功能之一。

（1）免费邮箱的申请。

① 打开某个可以申请免费邮箱的站点，如“http://www.126.com”，进入 126 电子邮箱首页。

② 单击页面上的“注册”按钮，将进入“选择用户名”页面，这一页需要填写自己的用户名和出生日期（这里出生日期将会是拿回邮箱密码的重要凭证，要谨慎填写）。

③ 选择好用户名后，还需要设置密码、密码保护，填写个人资料，并且需要选中“我接受下面的条款，并创建账号”单选按钮，出现注册成功的页面，表示邮箱申请成功。接下来就可以登录邮箱，进行邮件的收发了。

（2）邮箱的使用。

当申请好自己的免费电子邮箱后，就可以使用该邮箱发送和接收电子邮件了。首先进入申请过的免费邮箱的站点，如“http://mail.126.com”。

输入自己的用户名和密码，然后单击“登录”按钮，就可以进入自己申请的邮箱页面了，如图 5-12 所示。

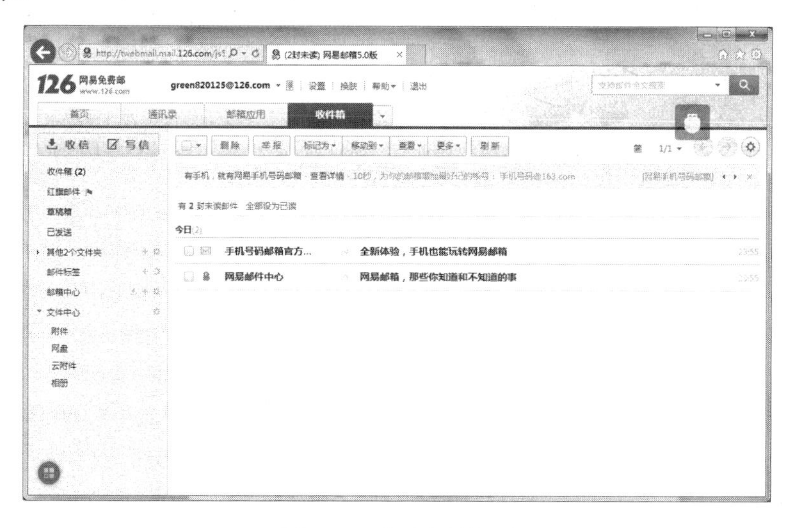

图 5-12 电子邮箱界面

在此页中单击“收件箱”按钮就可以查看已收到的邮件。

单击“写信”按钮，进入“写信”界面，如图 5-13 所示。

在“收件人”文本框中输入收件人的邮箱地址，在“主题”文本框中输入邮件主题，当然也可以没有主题。在下面的文本框中输入邮件的内容。如果邮件要发送附件，就单击“添加附件”按钮，弹出“选择要上载文件”对话框，如图 5-14 所示。在计算机上选择要发送的附件后，单击“打开”按钮，在“添加附件”下方就会出现作为附件发送的文件的文件名。以此方法，可以添加多个附件。如果想删除某个附件，单击附件名称右侧的“×”按钮即可。最后，单击“发送”按钮，就可以将这封邮件发送出去。

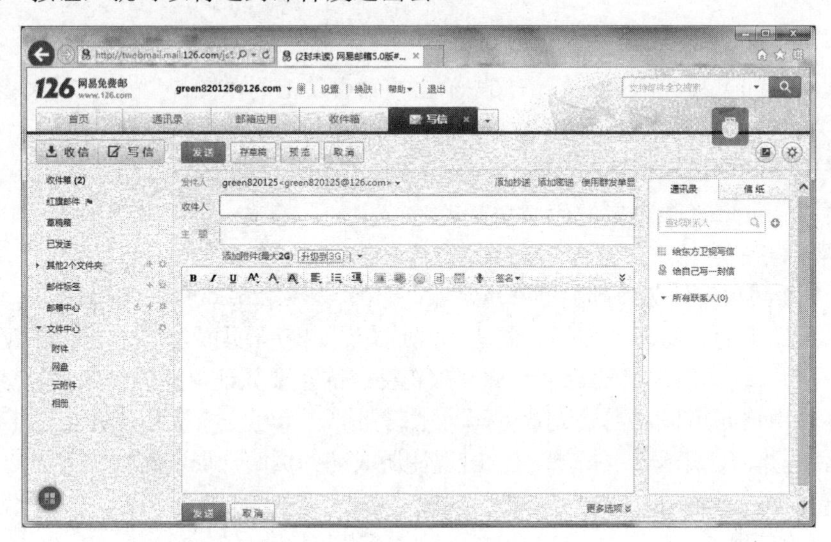

图 5-13 “写信”界面

图 5-14 “选择要上载的文件”对话框

（3）Outlook 的使用。

Microsoft Outlook 是微软公司出品的一款电子邮件客户端，用它可以进行电子邮件的收发。

使用 Outlook 收发邮件之前，要对 Outlook 进行设置。首先需要申请一个电子邮箱，如 126 邮箱，然后按照以下步骤，手动配置客户端。

① 打开 Outlook Express，其中主窗口如图 5-15 所示。

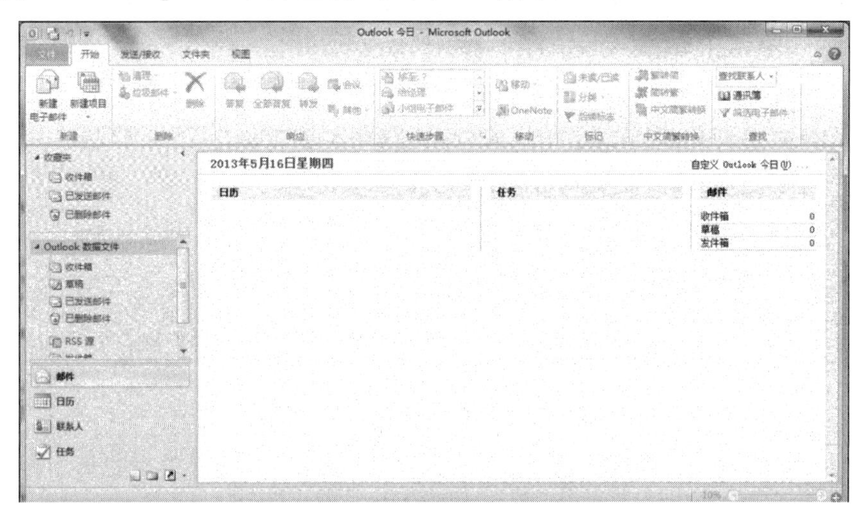

图 5-15　Outlook Express 主窗口

② 选择“文件”→“信息”命令，显示账户信息。

③ 单击“添加账户”按钮，弹出“添加新账户”对话框，如图 5-16 所示。选中“电子邮件账户”单选按钮，单击“下一步”按钮，在弹出的如图 5-17 的对话框中选中最下方的“手动配置服务器设置或其他服务器类型”单选按钮，然后单击“下一步”按钮。

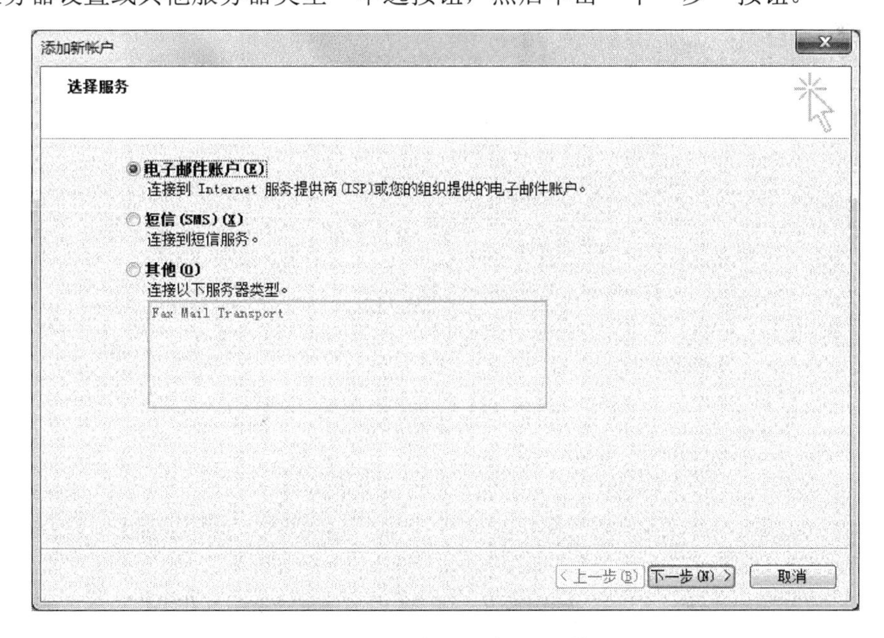

图 5-16　“添加新账户”对话框

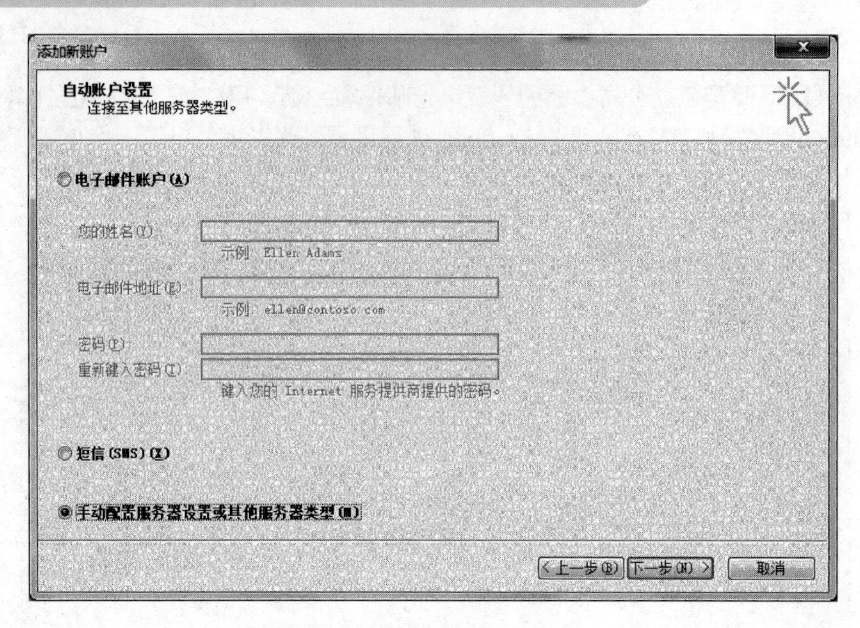

图 5-17　手动配置服务器设置

④ 在弹出的如图 5-18 所示的对话框中选中“Internet 电子邮件”单选按钮，单击“下一步”按钮。

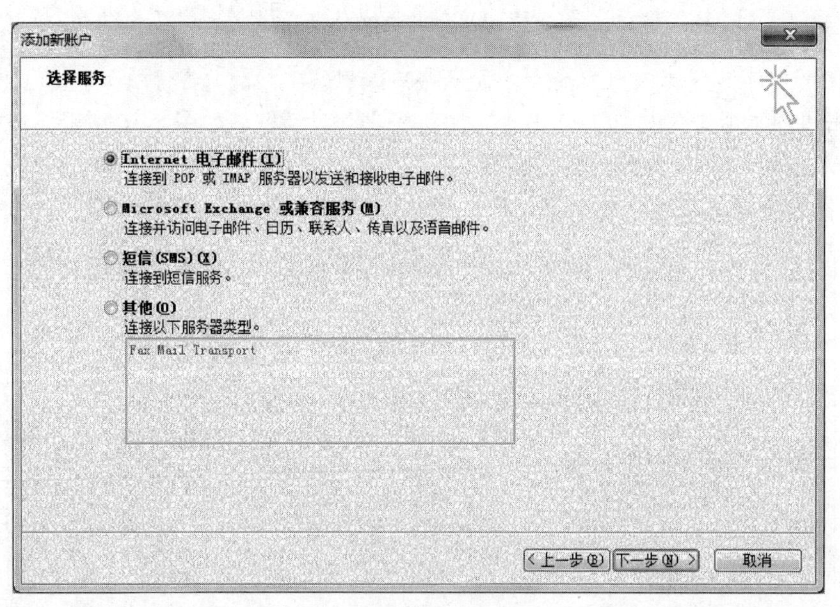

图 5-18 选择服务

⑤ 在弹出的如图 5-19 所示的对话框中进行内容设置。在“您的姓名”文本框中输入用户名，如“lily”，在发送邮件时，这个名字将作为“发件人”姓名。在“电子邮件地址”文本框中输入“lily@126.com”。

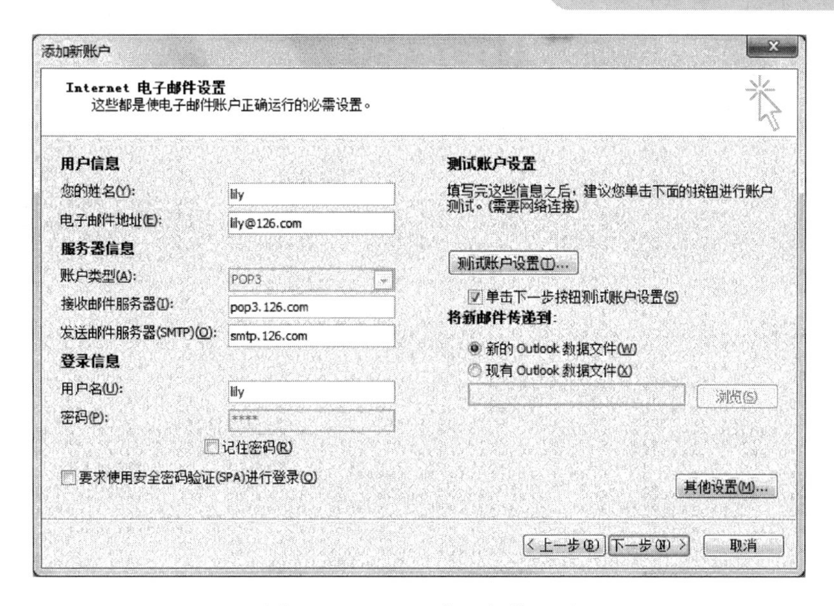

图 5-19 Internet 电子邮件设置

⑥ 分别输入发送和接收邮件的服务器名，这里要注意的是服务器信息的输入。“账户类型”也就是接收邮件服务器 POP3，按具体邮件服务器设置，在申请邮箱的网站能够看到，如果是 126 邮箱就在“接收邮件服务器”输入“pop3.126.com”。

⑦ 发送邮件服务器 SMTP，也是按具体邮件服务器设置，如果是 126 邮箱就输入“smtp.126.com”。

⑧ 输入用户名和密码，再单击“下一步”按钮，完成账户的添加。

操作练习

（1）将计算机的 IP 地址设置为 210.42.150.228，子网掩码设置为 255.255.255.0，默认网关设置为 210.42.150.1。

（2）在 E 盘建立一个文件夹“hello”，并将其设置为共享。

（3）将搜狐主页设置为 IE 浏览器的主页。

（4）给自己发送一封邮件，邮件主题为“测试”，并在计算机上随便找一张图片，作为邮件的附件。

（5）把经常访问的 3 个网页，加入到收藏夹中。

（6）用谷歌搜索关于“计算机二级考试”的信息。

附录A 各章节练习题

习题1 计算机概述

一、单项选择题

1．为了避免混淆，二进制数在书写时通常在右边加上字母（　　）。

A．E　　B．B　　C．H　　D．D

2．运用计算机进行图书资料处理和检索是计算机在（　　）方面的应用。

A．数值计算　　B．信息处理　　C．人工智能　　D．企事业管理

3．电子数字计算机工作最重要的特征是（　　）。

A．高速度　　B．高精度

C．存储程序自动控制　　D．记忆力强

4．电子计算机技术在半个世纪中虽有很大进步，但至今其运行仍遵循着一位科学家提出的基本原理。他就是（　　）。

A．牛顿　　B．爱因斯坦　　C．爱迪生　　D．冯·诺依曼

5．以下说法中最能准确反映计算机主要功能的是（　　）。

A．计算机可以高速运算　　B．计算机能代替人的脑力劳动

C．计算机可以存储大量信息　　D．计算机是一种信息处理机

6．计算机之所以被称为“电脑”，是因为（　　）。

A．计算机是人类大脑功能的延伸　　B．计算机具有逻辑判断功能

C．计算机有强大的记忆能力　　D．计算机有自我控制功能

7．在计算机行业中，MIS是指（　　）。

A．管理信息系统　　B．数学教学系统

C．多指令系统　　D．查询信息系统

8．CAI 是指（　　）。

A．系统软件　　B．计算机辅助教学软件

C．计算机辅助管理软件　　D．计算机辅助设计软件

9．所谓媒体是指（　　）。

A．表示和传播信息的载体　　B．字处理软件

C．计算机输入与输出信息　　D．计算机屏幕显示的信息

10．计算机与计算器的最大区别是（　　）。

A．计算机比计算器的运算速度快　　B．计算机比计算器大

C．计算机比计算器贵　　D．计算机能够存储并执行复杂的程序

11．目前计算机的应用领域可大致分为 3 个方面，下列答案正确的是（　　）。

A．计算机辅助教学、专家系统、人工智能

B．数值处理、人工智能、操作系统

C．实时控制、科学计算、数据处理

D．工程计算、数据结构、文字处理

12．下列逻辑运算中结果正确的是（　　）。

A．1 • 0=1　　B．0 • 1=1　　C．1+0=0　　D．1+1=1

13．下列十进制数与二进制数转换结果正确的是（　　）。

A．$(8)_{10}=(110)_2$　　B．$(4)_{10}=(1000)_2$

C．$(10)_{10}=(1100)_2$　　D．$(9)_{10}=(1001)_2$

14．主要逻辑元器件采用晶体管的计算机属于（　　）。

A．第一代　　B．第二代　　C．第三代　　D．第四代

15．人们习惯将计算机的发展划分为 4 代，划分的主要依据是（　　）。

A．计算机的应用领域　　B．计算机的运行速度

C．计算机的配置　　D．计算机主机所使用的元器件

16．最大的十位无符号二进制数转换成十进制数是（　　）。

A．511　　B．512　　C．1023　　D．1024

17．个人计算机属于（　　）。

A．小型计算机　　B．巨型计算机　　C．微型计算机　　D．中型计算机

18．早期计算机的主要应用是（　　）。

A．科学计算　　B．信息处理　　C．实时控制　　D．辅助设计

19．计算机能够处理中文信息，涉及汉字字符集和编码的概念。在 GB 2312—1980 的系统中，下面叙述不正确的是（　　）。

A．不同的汉字用不同的输入法输入，其机内码也不同

B．同一汉字可用相同的输入法输入，其机内码不相同

C．同一汉字可用不同的输入法输入，但其对应的机内码是相同的

D．不同的汉字用相同的输入法输入，其机内码也不相同

20．在下面有关进制的描述中，不正确的是（　　）。

A．所有信息在计算机中均用二进制表示

B．二进制数的逻辑运算有 3 种基本类型，分别是“与”、“或”、“非”

C．任何一种进制表示的数都可以用其他进制来精确表示

D．任何一种数制表示的数都可以写成按位权展开的多项式之和

21．计算机之所以能按人们的意志自动进行工作，最直接的原因是因为采用了（　　）。

A．二进制数制　　B．高速电子元器件

C．存储程序控制　　D．程序设计语言

22．五笔字型码输入法属于（　　）。

A．音码输入法　　B．形码输入法

C．音形结合的输入法　　D．联想输入法

23．一个 GB 2312 编码字符集中的汉字的机内码长度是（　　）。

A．32 位　　B．24 位　　C．16 位　　D．8 位

24．计算机能处理的最小数据单位是（　　）。

A．ASCII 码　　B．字符字节　　C．字符串　　D．比特（bit）

二、填空题

1．计算机中数据的表示形式是________。

2．计算机中 1KB 字节表示的二进制位数是________。

3．使用超大规模集成电路制造的计算机应该归属于第________代计算机。

4．第一台电子计算机诞生的国家是________。

5．PC 即________计算机，其英文是________。

6．计算机中使用的数制为________进制。

7．世界上公认的第一台电子计算机于________年在美国诞生。

8．一个字节为________个二进制位。

9．微型计算机能处理的最小数据单位是________。

10．计算机中的存储容量以________为单位。

11．计算机中表示存储空间大小的最基本的容量单位称为字节，用英文________来表示。

12．目前人们所使用的计算机都是基于一位美国科学家提出的原理进行工作的，他就是________。

13．世界上公认的第一台电子计算机于 1946 年在宾夕法尼亚大学诞生，它叫________。

14．将二进制数 1111111 转换成八进制数是________，转换成十六进制数是________，将 A8H 转换成十进制数是________。

15．将十进制数 0.625 转换成二进制数是________，转换成八进制数是________，转换成十六进制数是________。

16．如果计算机的字长是 8 位，那么 68 的补码形式是________，-68 的补码形式是________。

17．带符号数有原码、反码和补码等表示形式，在其中用________表示时，+0 和-0 的表示形式是一样的。

18．存储 1024 个 32×32 点阵的汉字字型信息需要的字节数是________。

19．在中文 Windows 环境下，设有一串汉字的内码是 B5C8BCB3BFBDCAD6H，则这串文字中包含________个汉字。

20．如果计算机的字长是 8 位，-0 的原码为________，-0 的反码为________。

21．一个 GB 2312 编码字符集中的汉字的机内码长度是________个字节。

三、判断题

1．（　　）个人计算机属于大型计算机。

2．（　　）计算机越大，功能便越强。

3．（　　）世界上第一台计算机主要应用于科学研究。

4．（　　）计算机内部采用十进制数表示各种数据。

5．（　　）二进制数 101110-01011=100011。

6．（　　）标准 ASCII 码字符共有 256 个。

7．（　　）计算机只能处理文字、字符和数值信息。

8．（　　）电子计算机主要是以电子元器件划分发展阶段的。

习题 2　微型计算机系统组成

一、单项选择题

1．硬盘在使用过程中一定要防止（　　）。

A．振动　　B．灰尘　　C．静电　　D．噪声

2．计算机能直接识别的语言是（　　）。

A．汇编语言　　B．自然语言　　C．机器语言　　D．高级语言

3．下列存储器中，存储速度最快的是（　　）。

A．软盘　　B．硬盘　　C．光盘　　D．内存

4．1MB 等于（　　）。

A．1000 字节　　B．1024 字节

C．1000×1000 字节　　D．1024×1024 字节

5．如果按字长来划分，微型计算机可分为 8 位机、16 位机、32 位机、64 位机和 128 位机等。所谓 32 位机是指该计算机所用的 CPU（　　）。

A．一次能处理 32 位二进制数

B．具有 32 位的寄存器

C．只能处理 32 位二进制定点数

D．有 32 个寄存器

6．下列关于操作系统的叙述中，正确的是（　　）。

A．操作系统是软件和硬件之间的接口

B．操作系统是源程序和目标程序之间的接口

C．操作系统是用户和计算机之间的接口

D．操作系统是外设和主机之间的接口

7．（　　）打印机是击打式，可用于打印复写纸。

A．激光　　B．喷墨　　C．红外　　D．针式

8．网上黑客是指（　　）的人。

A．总在晚上上网　　B．匿名上网

C．不花钱上网　　D．在网上私闯他人计算机系统

9．能将源程序转换成目标程序的是（　　）。

A．调试程序　　B．解释程序　　C．编译程序　　D．编辑程序

10．个人计算机（PC）是指除了主机外，还包括外部设备的微型计算机，而其必备的外部设备是（　　）。

A．键盘和鼠标　　B．显示器和键盘

C．键盘和打印机　　D．显示器和扫描仪

11．电子计算机技术在半个世纪中虽有很大进步，但至今其运行仍遵循着一位科学家提出的基本原理。他就是（　　）。

A．牛顿　　B．爱因斯坦　　C．爱迪生　　D．冯·诺依曼

12．系统软件中最重要的是（　　）。

A．操作系统　　B．语言处理程序

C．工具软件　　D．数据库管理系统

13．SRAM 存储器是（　　）。

A．静态随机存储器　　B．静态只读存储器

C．动态随机存储器　　D．动态只读存储器

14．一个完整的计算机系统包括（　　）。

A．计算机及其外部设备　　B．主机、键盘、显示器

C．系统软件与应用软件　　D．硬件系统与软件系统

15．计算机的软件系统包括（　　）。

A．程序与数据　　B．系统软件与应用软件

C．操作系统与语言处理程序　　D．程序、数据与文档

16．以下属于计算机的冷启动方式的是（　　）。

A．按 Ctrl+Alt+Delete 组合键　　B．按 Ctrl+Break 组合键

C．按 Reset 按钮　　D．打开电源开关启动

17．在 PC 中，80386、80486、PENTIUM（奔腾）等是指（　　）。

A．生产厂家名称　　B．硬盘的型号

C．CPU 的型号　　D．显示器的型号

18．某计算机的型号为 486/33，其中 33 的含义是（　　）。

A．CPU 的序号　　B．内存的容量　　C．CPU 的速率　　D．时钟频率

19．断电时计算机（　　）中的信息会丢失。

A．软盘　　B．硬盘　　C．RAM　　D．ROM

20．计算机的性能主要取决于（　　）的性能。

A．RAM　　B．CPU　　C．显示器　　D．硬盘

21．对计算机软件正确的认识应该是（　　）。

A．计算机软件受法律保护是多余的

B．正版软件太贵，软件能复制不必购买

C．受法律保护的计算机软件不能随便复制

D．正版软件只要能解密就能用

22．所谓“裸机”是指（　　）。

A．单片机　　B．单板机

C．不装备任何软件的计算机　　D．只装备操作系统的计算机

23．既是输入设备又是输出设备的是（　　）。

A．磁盘驱动器　　B．显示器　　C．键盘　　D．鼠标器

24．当运行某个程序时，发现存储容量不够，解决的办法是（　　）。

A．把磁盘换成光盘　　B．把软盘换成硬盘

C．使用高容量磁盘　　D．扩充内存

25．下列属于应用软件的是（　　）。

A．Windows　　B．UNIX　　C．Linux　　D．Word

26．计算机的存储系统一般指主存储器和（　　）。

A．显示器　　B．寄存器　　C．辅助存储器　　D．鼠标器

27．动态 RAM 的特点是（　　）。

A．工作中需要动态地改变存储单元内容　　B．工作中需要动态地改变访存地址

C．每隔一定时间需要刷新　　D．每次读出后需要刷新

28．操作系统是一种（　　）。

A．系统软件　　B．操作规范　　C．编译系统　　D．应用软件

29．汉字的外码又称（　　）。

A．交换码　　B．输入码　　C．字形码　　D．国标码

30．通常所说的区位、全拼双音、双拼双音、智能全拼、五笔字型和自然码是不同的（　　）。

A．汉字字库　　B．汉字输入法　　C．汉字代码　　D．汉字程序

31．主机中包括主板、多功能卡、硬盘驱动器、开关电源、扬声器、显示卡和（　　）。

A．显示器　　B．键盘　　C．鼠标　　D．软盘驱动器

32．计算机机箱面板上的 Reset 按钮的作用是（　　）。

A．暂停运行　　B．复位启动　　C．热启动　　D．清屏

33．微型计算机硬件系统中最核心的部件是（　　）。

A．主板　　B．CPU　　C．内存储器　　D．I/O 设备

34．配置高速缓冲存储器（Cache）是为了解决（　　）。

A．内存与辅助存储器之间速度不匹配的问题

B．CPU 与辅助存储器之间速度不匹配的问题

C．CPU 与内存储器之间速度不匹配的问题

D．主机与外设之间速度不匹配的问题

35．CRT 显示器能够接收显卡提供的（　　）信号。

A．数字　　B．模拟　　C．数字和模拟　　D．光

36．I/O 设备直接（　　）。

A．与主机相连接　　B．与 CPU 相连接

C．与主存储器相连接　　D．与 I/O 接口相连接

37．若修改文件，则该文件必须是（　　）。

A．可读的　　B．可读/写的　　C．写保护的　　D．读保护的

38．若计算机系统需要“热启动”，应同时按组合键（　　）。

A．Ctrl+Alt+Break　　B．Ctrl+Alt+Delete

C．Ctrl+Alt+Esc　　D．Ctrl+Shift+Delete

39．下列外部设备中，属于输入设备的是（　　）。

A．鼠标　　B．投影仪　　C．显示器　　D．打印机

40．某计算机的型号规格标有PentiumIII 600字样，其中PentiumIII是指（　　）。

A．厂家名称　　B．机器名称　　C．CPU型号　　D．显示器名称

41．液晶显示器简称为（　　）。

A．CRT　　B．VGA　　C．LCD　　D．TFT

42．计算机中，控制器的基本功能是（　　）。

A．进行算术和逻辑运算　　B．存储各种控制信息

C．保持各种控制状态　　D．控制计算机各部件协调一致地工作

43．内存是指（　　）。

A．ROM　　B．RAM

C．ROM和RAM　　D．ROM中的一部分

44．微型计算机的运算器、控制器和内存储器三部分的总称是（　　）。

A．主机　　B．ALU

C．CPU　　D．Modem

45．在使用计算机的过程中，有时会出现“内存不足”的提示，这主要是指（　　）不够。

A．CD-ROM的容量　　B．RAM的容量

C．硬盘的容量　　D．ROM的容量

46．计算机中，ROM指的是（　　）。

A．顺序存储器　　B．只读存储器

C．随机存储器　　D．高速缓冲存储器

47．下列说法中，正确的是（　　）。

A．计算机中最核心的部件是CPU，所以计算机的主机就是指CPU

B．计算机程序必须装载到内存中才能执行

C．计算机必须具有硬盘才能工作

D．计算机键盘上字母的排列是随机的

48．计算机存储器系统中的Cache是（　　）。

A．只读存储器　　B．高速缓存存储器

C．可编程只读存储器　　D．可擦除可再编程只读存储器

49．计算机中的总线是由（　　）组成的。

A．逻辑总线、传输总线和通信总线

B．地址总线、运算总线和逻辑总线

C．数据总线、信号总线和传输总线

D．数据总线、地址总线和控制总线

50．C语言编译系统是（　　）。

A．系统软件　　B．操作系统　　C．用户软件　　D．应用软件

51．为了提高机器的性能，PC 的系统总线在不断发展。在下列英文缩写中，（　　）与 PC 的总线无关。

A．PCI　　B．ISA　　C．EISA　　D．RISC

52．计算机操作系统的作用是（　　）。

A．管理计算机系统的全部软、硬件资源，合理组织计算机的工作流程，以达到充分发挥计算机资源的效率，为用户提供使用计算机的友好界面

B．对用户存储的文件进行管理，方便用户

C．执行用户输入的各类命令

D．为汉字操作系统提供运行的基础

二、填空题

1．硬盘属于计算机的________部件。

2．可以将各种数据转化为计算机能处理的形式并输入到计算机中的设备称为________。

3．在系统软件中，必须首先配置________。

4．磁盘驱动器属于________设备。

5．一台微型计算机必须具备的输出设备是________。

6．微型计算机的核心部件的英语简称是________。

7．在内存中，有一小部分用于永久存放特殊的专用数据，对它们只取不存，这部分内存中文全称为________，英文简称为 ROM。

8．鼠标是一种________设备。

9．在多媒体环境下工作的用户，除基本配置外，至少还需配置光驱、________和音箱。

10．标准键盘的回车键上一般都标着________。

11．一个完整的计算机系统包括________系统和软件系统。

12．计算机的性能主要取决于________。

13．完整的计算机的存储器应包括内存储器和________。

14．计算机中的 CPU 是由________、控制器和寄存器组成的。

15．计算机系统中的硬件主要包括运算器、控制器、________、输入设备、输出设备五大部分。

16．刚输入的信息在保存以前，存放在内存中，为防止断电后丢失，应在关机前将信息保存到________中。

17．在 Windows 中，鼠标的单击是指________。

18．大部分内存可对数据可存可取，这部分内存称为________，简称为 RAM。

19．计算机在工作状态下想重新启动，可采用热启动，即同时按 Ctrl、Delete 和________3 个键。

20．运算器是能完成算术运算和________运算的装置。

21．________是系统软件的核心部分。

22．Windows 7 属于________软件（系统、应用）。

23．微型计算机存储器系统中的 Cache 是________。

24．把文字、图形、声音、活动图像集中在一起的计算机系统称为________计算机。

25．计算机中的总线由数据总线、地址总线和________组成。

26．键盘、扫描仪、光笔等为计算机的________设备。

27．显示器为计算机的________设备。

28．专门为某一应用目的而设计的软件是________。

29．人们根据特定的需要，预先为计算机编制的指令序列称为________。

30．外存储器相对于内存储器的特点是容量________、速度慢。

31．Word 和 Excel 属于________软件。

32．________是计算机系统中物理装置的总称。

33．当处于大写锁定状态时，________键会将大写转换成小写。

34．开机和关机的顺序分别是________、________和________、________。

35．操作系统具有三大功能：一是它是计算机系统软硬件资源的管理者；二是________与用户之间的接口；三是提供软件的开发与运行环境。

36．USB 允许外部设备连接，具有________的功能。

37．计算机重新启动的方法有两种：________和热启动。

38．按照软件的功能划分，软件可分为系统软件和________两类。

39．将汇编语言编译成目标程序称为________。

40．U 盘的接口称为________接口。

41．扫描仪是一种________设备。

42．________打印机是击打式的，可用于打印复写纸。

三、判断题

1.（　　）网络适配器是将计算机与网络连接起来的器件。

2.（　　）硬盘装在机箱内部，属于内存储器。

3.（　　）计算机断电后，外存中的信息会丢失。

4.（　　）操作系统的 5 项功能是中央处理器控制和管理、存储器控制和管理、设备控制和管理、文件控制和管理、作业控制和管理。

5.（　　）关机时关闭显示器即可。

6.（　　）液晶显示器的色彩表现力比 CRT 显示器好。

7.（　　）当计算机断电以后，存储在 RAM 中的一小部分数据仍然存在。

8.（　　）两个显示器屏幕尺寸相同，则分辨率也一样。

9.（　　）一台 32 位计算机的字长是 32 位，但这台计算机中的一个字节仍是 8 位。

10.（　　）使用 CD-ROM 能把硬盘上的文件复制到光盘上。

11.（　　）操作系统对硬盘的管理属于“存储管理”功能。

12.（　　）造成计算机不能正常工作的原因只可能是硬件故障。

13.（　　）键盘上的 Ctrl 键是起控制作用的，它必须与其他键同时按下才起作用。

14.（　　）同一目录中可以存放两个内容不同但文件名相同的文件。

15.（　　）CPU 的中文名称是微处理器。

16.（　　）在一般情况下，键盘上两个 Enter 键的作用是一样的。

17.（　　）决定显示卡档次和主要性能的部件是显示控制芯片。

18.（　　）突然关机有可能造成硬盘上的磁道损坏。

19.（　　）构成计算机的物理实体称为计算机系统。

20.（　　）计算机的中央处理器简称为 ALU。

21.（　　）计算机的硬件系统由控制器、显示器、打印机、主机、键盘组成。

22.（　　）计算机的内存储器与硬盘存储器相比，内存储器存储量大。

23.（　　）Shift 是上档键，主要用于辅助输入字母。

习题 3　Windows 7 操作系统

一、单项选择题

1. 在 Windows 7 操作系统中，排列桌面项目图标的第一步操作是（　　）。

A. 用鼠标右键单击任务栏空白区　　B. 用鼠标右键单击桌面空白区

C. 用鼠标左键单击桌面空白区　　D. 用鼠标左键单击任务栏空白区

2. 在 Windows 7 的某个窗口标题栏右端的 3 个图标可以用来（　　）。

A. 使窗口最小化、最大化和改变显示方式

B. 改变窗口的颜色、大小和背景

C. 改变窗口的大小、形状和颜色

D. 使窗口最小化、最大化和关闭

3. 若要开机即启动某应用程序，只需为该应用程序创建一个快捷方式并把它放在（　　）。

A.“开始”菜单的“启动”项中　　B. 桌面上

C.“开始”菜单的“运行”项中　　D.“开始”菜单的“程序”项中

4. 在 Windows 7 操作系统中，用户建立的文件默认的属性是（　　）。

A. 隐藏　　B. 只读　　C. 系统　　D. 存档

5. 当一个文件重新命名后，该文件的内容（　　）。

A. 完全消失　　B. 部分消失

C. 完全不变　　D. 部分不变

6. 当一个应用程序窗口被最小化后，该应用程序将（　　）。

A. 被终止执行　　B. 继续在前台执行

C. 被暂停执行　　D. 被转入后台执行

7. 在 Windows 7 操作系统中，使用“记事本”来保存文件时，系统默认的文件扩展名是（　　）。

A. .txt　　B. .doc　　C. .wri　　D. .bmp

8. 直接删除硬盘上的文件，使其不进入回收站的正确操作是（　　）。

A.“编辑”菜单中的“剪切”命令　　B.“文件”菜单中的“删除”命令

C. 按 Delete 功能键　　D. 按 Shift+Delete 组合键

9. 下列关于任务栏作用的说法中，错误的是（　　）。

A. 显示当前活动窗口名　　B. 显示正在后台工作的窗口名

C. 实现窗口之间的切换　　D. 显示系统所有功能

10. 关于 Windows 7 的文件组织结构，下列说法错误的是（　　）。

A. 每个子文件夹都有一个父文件夹

B．每个文件夹都可以包含若干子文件夹和文件

C．同一文件夹下文件不能重名

D．不同文件夹下子文件夹不能重名

二、填空题

1．创建“快捷方式”的作用是________。

2．在 Windows 7 操作系统中，可以由用户设置的文件属性为________、________和________。

3．屏幕上显示的文本和图像的清晰度指的是________。

4．双击窗口左上角的软件应用图标，可以________。

5．一个文件的扩展名通常表示________。

6．在查找文件或文件夹时，若用户输入“*・*”则表示查找________。

7．快捷方式和文件本身的关系是________。

8．________是屏幕每秒画面被刷新的次数，当屏幕出现闪烁的时候，将会导致眼睛疲劳和头痛。

三、判断题

1．（　　）一般情况下，要打开文件，只需要单击文件图标就可以了。

2．（　　）按 Alt+F4 组合键，可以快速地关闭当前被打开的文件。

3．（　　）压缩文件可以使文件更快速地传输，有利于网络上资源的共享。

4．（　　）屏幕分辨率越高，项目就越清楚，在屏幕上显示的项目图标就越小；分辨率越低，在屏幕上显示的项目越少，但屏幕上项目图标的尺寸越大。

5．（　　）删除了某应用程序在桌面上的快捷方式，即删除了该应用程序。

6．（　　）桌面上的小工具添加后不能移动。

7．（　　）对于计算机中的任何一个文件，如果用户想知道文件的详细信息，可以通过查看文件的属性来了解。

8．（　　）经过对“文件夹选项”对话框的选项进行设置后，可以实现单击鼠标就可以打开文件或文件夹。

习题 4　文字处理软件 Word 2010

一、单项选择题

1．在 Word 2010 文档编辑中，可以删除插入点前字符的按键是（　　）。

A．Delete　　B．Ctrl+Delete

C．Backspace　　D．Ctrl+Backspace

2．在 Word 2010 编辑状态下，要统计文档的字数，需要使用的选项卡是“（　　）”。

A．审阅　　B．开始

C．插入　　D．视图

3．Windows 处于系统默认状态，在 Word 2010 编辑状态下，移动光标至文档行首空白处（文本选择区）并连击左键 3 下，结果会选择文档的（　　）。

A．一句文字　　B．一行文字　　C．一段文字　　D．全文

4．在 Word 的“页面设置”选项中，系统默认的纸张大小是（　　）。

A．A4　　B．B5　　C．A3　　D．16 开

5．在 Word 2010 中，当前已打开一个文件，若想打开另一个文件，则（　　）。

A．首先关闭原来的文件，才能打开新的文件

B．打开新文件时，系统会自动关闭原文件

C．两个文件可同时打开

D．新文件的内容将会加入原来打开的文件

6．在 Word 2010 中，在“页面设置”选项中可以设置（　　）。

A．打印范围　　B．纸张方向　　C．是否打印批注　　D．页眉文字

7．在 Word 2010 中不保存（　　）文件格式。

A．*.doc　　B．*.htm　　C．*.txt　　D．*.ppt

8．新建文件夹时，若已存在同名文件夹，则（　　）。

A．系统拒绝建立，自动退出　　B．系统给出提示后自动退出

C．系统自动命名为文件夹 1　　D．系统给出提示，要求用户改名

9．在 Word 2010 中，将光标定位在一个段落中的任意位置，然后设置字体格式，则所设置的字体格式应用于（　　）。

A．在光标处的新输入文本　　B．整篇文档

C．光标所在段落　　D．光标后的文本

10．在 Word 2010 窗口中，要在文档中制作艺术字，使用“（　　）”选项卡中的按钮。

A．编辑　　B．插入　　C．工具　　D．格式

11．单击“窗口”菜单底部列出的文档名称之一，可以（　　）。

A．打开该文档　　B．把该文档窗口置为当前窗口

C．新建一个窗口来编辑该文档　　D．关闭该文档

二、填空题

1．在Word 2010 中，要将文档中某段内容移到另一处，则先要进行________操作。

2．在打印 Word 2010 文本之前，常常要用“________”选项卡中的“________”选项观察各页面的整体状况。

3．在 Word 文档编辑区的右侧有一纵向滚动条，可以让文档页面进行________方向的滚动。

4．在Word 的编辑状态下，若退出阅读版式视图方式，应当按________功能键。

5．在 Word 中，用户在用 Ctrl+C 组合键将所选内容复制到剪贴板后，可以使用________组合键将其粘贴到所需要的位置。

6．在 Word 中，如果想要给文档页面添加水印效果，可以单击“页面布局”选项卡→“页面背景”组中绘制的________按钮。

7．在 Word 2010 文档中使用“查找”功能的组合键是________，使用“替换”的组合键是________。

8．在 Word 2010 中使用________视图可以编辑文本，设置文本格式，但不能显示文档的分栏格式。

9．在同一个文档中，同时进行不同的页面设置，需要使用________。

10．对于打开的Word 2010 文档，通过________方式可以更名保存。

三、判断题

1．（　　）在 Word 2010 中，对插入的图片不能进行放大或缩小的操作。

2．（　　）在 Word 2010 中，用户可以根据需要创建竖排文字。

3．（　　）Word 2010 文档中的表格由行、列构成，它们构成的基本单位是表。

4．（　　）在 Word 2010 编辑状态下，进行“替换”操作时，应当单击“开始”选项卡→“编辑”组中的“替换”按钮。

5．（　　）在 Word 2010 文档中，用户可以修改插入的图片中的图形。

6．（　　）在 Word 2010 文档中，宋体四号字比宋体 4 号字大。

7．（　　）在 Word 2010 文档中，插入图片后不能对其进行图片编辑。

8．（　　）在 Word 2010 界面中，灰色的菜单表示当前不可用。

9．（　　）对 Word 2010 文档进行打印预览时，必须开启打印机。

10．（　　）分散对齐、两端对齐、右对齐和上下对齐都是 Word 2010 段落的对齐方式。

11．（　　）对 Word 2010 文档进行分栏时，各栏的宽度可以不同。

习题 5　电子表格软件 Excel 2010

一、单项选择题

1．Excel 2010 默认的工作簿名是（　　）。

A．Sheet1　　B．Sheet2　　C．Sheet3　　D．Book1.xlsx

2．在 Excel 2010 中指定 A3 至 E6 单元格区域的表示形式是（　　）。

A．A3，E6　　B．A3:E6　　C．A3&E6　　D．A3;E6

3．若在数值单元格中出现一连串的“#”符号，希望正常显示则需要（　　）。

A．重新输入数据　　B．调整单元格的宽度

C．删除这些“#”　　D．删除该单元格

4．在 Excel 2010 操作中，某公式中引用了一组单元格，它们是(C3:D7,A1:F1)，该公式引用的单元格总数为（　　）。

A．4　　B．12　　C．16　　D．22

5．一个单元格内容的最大长度为（　　）个字符。

A．64　　B．128　　C．225　　D．256

6. 在 Excel 2010 中，要在同一工作簿中把工作表“Sheet3”移动到“Sheet1”前面，应（　　）。

A．单击工作表“Sheet3”标签，并沿着标签行拖动到“Sheet1”前

B．单击工作表“Sheet3”标签，并按住 Ctrl 键沿着标签行拖动到“Sheet1”前

C．单击工作表“Sheet3”标签，并选择“编辑”→“复制”命令，然后单击工作表“Sheet1”标签，再选择“编辑”→“粘贴”命令

D．单击工作表 Sheet3 标签，并选择“编辑”→“剪贴”命令，然后单击工作表“Sheet1”标签，再选择“编辑”→“粘贴”命令

7．在 Excel 2010 中，在当前单元格输入数值型数据时，默认为（　　）。

A．居中　　B．左对齐　　C．右对齐　　D．随机对齐

8．在 Excel 2010 中，某一工作簿中共有“Sheet1”、“Sheet2”、“Sheet3”、“Sheet4”4 个工作表，现在需要在“Sheet1”表中某一单元格中输入从“Sheet2”表的 B2 至 D2 各单元格中的数值之和，正确公式的写法是（　　）。

A．=SUM(Sheet2!B2+C2+D2)　　B．=SUM(Sheet2.B2:D2)

C．=SUM(Sheet2/B2:D2)　　D．=SUM(Sheet2!B2:D2)

9．在 Excel 2010 中，对于上下相邻两个含有数值的单元格用拖动法向下自动填充时，默认的填充规则是（　　）。

A．等比序列　　B．等差序列

C．自定义序列　　D．日期序列

10．在 Excel 2010 中，在单元格中输入日期 2002 年 11 月 25 日的正确输入形式是（　　）。

A．2002-11-25　　B．2002.11.25

C．2002\11\25　　D．2002 11 25

二、填空题

1．要在Excel 2010 的单元格中显示1/2，需要在该单元格中输入________。

2．每个单元格都有一个地址，由________和________组成，如A3 表示由第________列第________行的单元格。

3．在 Excel 2010 中，对单元格的引用方式有________、________和混合地址。

4．在Excel 2010 中，工作簿文件的扩展名是________。

5．单击 E6 单元格，在编辑栏中显示“=AVERAGE(B4:D4)”其含义是________。

6．系统默认情况下，一个工作簿有________个工作表。

7．新建一个名为“Book2.xlsx”的工作簿，其默认的第一个工作表名称为________。

8．要查看公式的内容，可单击单元格，在打开的________内显示出该单元格的公式。

9．单元格 C1=A1+B1，将公式复制到 C2 单元格时，单元格C2 的公式为________。

10．公式被复制后，参数的地址不发生变化，叫作________。

三、判断题

1．（　　）在 Excel 2010 中，对工作表的行数没有限制。

2．（　　）执行“删除工作表”的操作后，执行“撤销”操作可以恢复删除的工作表。

3．（　　）在工作表中插入的图片不属于某一单元格。

4．（　　）当打印工作表时，默认情况下可以打印出表格线。

5．（　　）在 Excel 2010 中，计算公式“=SUM（A1:E2）”时，将对 10 个单元格进行求和。

6．（　　）在 Excel 2010 中，用户不可以自定义快速访问工具栏。

7．（　　）清除单元格是指把该单元格删除。

8．（　　）在 Excel 2010 中，当一个单元格的宽度太窄而不足以显示该单元格内的数据时，在该单元格中将显示一行“？”。

9．（　　）在 Excel 2010 中一个工作簿文件中最少要有 3 个工作表。

10．（　　）在 Excel 2010 中创建图表后，还可以改变图表的类型。

习题 6　演示文稿软件 PowerPoint 2010

一、单项选择题

1．PowerPoint 演示文稿类型的扩展名是（　　）。

A．.htm　　B．.ppt　　C．.pps　　D．.pot

2．在“幻灯片浏览视图”模式下，不允许进行的操作是（　　）。

A．幻灯片的移动和复制　　B．设置动画效果

C．幻灯片删除　　D．幻灯片切换

3．PowerPoint 自定义动画中，不可以设置（　　）。

A．动画效果　　B．动作循环播放

C．时间和顺序　　D．多媒体效果

4．在演示文稿中，在插入超链接中所链接的目标不能是（　　）。

A．另一个演示文稿　　B．同一演示文稿的某一张幻灯片

C．其他应用程序的文档　　D．幻灯片中的某个对象

5．在 PowerPoint 中，如果在大纲视图中输入文本，（　　）。

A．该文本只能在幻灯片视图中修改

B．既可以在幻灯片视图中修改文本，也可以在大纲视图中修改文本

C．可以在大纲视图中用文本框移动文本

D．不能在大纲视图中删除文本

6. 在 PowerPoint 中，按行列显示，并可以直接在幻灯片上修改其格式和内容的对象是（　　）。

A．数据表　　B．表格　　C．图表　　D．机构图

7．在 PowerPoint 中，幻灯片母版是（　　）。

A．用户定义的第一张幻灯片，以供其他幻灯片调用

B．统一文稿各种格式的特殊幻灯片

C．用户自行设计的幻灯片模板

D．幻灯片模板的总称

8．在 PowerPoint 中，下列说法错误的是（　　）。

A．在幻灯片母版中，设置的标题和文本的格式不会影响其他幻灯片

B．幻灯片母版主要强调文本的格式

C．普通幻灯片主要强调的是幻灯片的内容

D．要向幻灯片中添加文字时，必须从幻灯片母版视图切换到幻灯片视图或大纲视图后才能进行

9．在幻灯片普通视图中，单击视图栏中的“幻灯片放映”按钮，将在屏幕上看到（　　）。

A．从第一张幻灯片开始全屏幕放映所有的幻灯片

B．从当前幻灯片开始放映剩余的幻灯片

C．只放映当前的一张幻灯片

D．按照幻灯片设置的时间放映全部幻灯片

10．在打印幻灯片时，说法不正确的是（　　）。

A．设置了演示时隐藏的幻灯片也能打印出来

B．打印可将文档打印到磁盘中

C．打印时只能打印一份

D．打印时可按讲义形式打印

11．在幻灯片视图窗格中，在状态栏中出现了“幻灯片 2/7”的文字，则表示（　　）。

A．共有 7 张幻灯片，目前只编辑了 2 张

B．共有 7 张幻灯片，目前显示的是第 2 张

C．共编辑了 2/7 张的幻灯片

D．共有 9 张幻灯片，目前显示的是第 2 张

12．在 PowerPoint 2010 中，如果要同时选中几个对象，按住（　　）的同时逐个单击待选的对象。

A．Shift 键　　B．Ctrl 键　　C．Ctrl+Alt 键　　D．Alt 键

13．在幻灯片中设置母版，可以起到（　　）的作用。

A．统一整套幻灯片的风格　　B．统一标题内容

C．统一图片内容　　D．统一页码内容

14．对某张幻灯片进行了隐藏设置后，则（　　）。

A．幻灯片视图窗格中，该张幻灯片被隐藏了

B．在大纲视图窗格中，该张幻灯片被隐藏了

C．在幻灯片浏览视图状态下，该张幻灯片被隐藏了

D．在幻灯片演示状态下，该张幻灯片被隐藏了

二、填空题

1．当在交易会上将演示文稿作为广告片连续放映时，应该选择________放映方式。

2．为了让同一份演示文稿以多种顺序进行放映，可以设置________。

3．当需要将演示文稿转移至其他计算机上放映时，最好的方法是________。

4．在幻灯片放映中，要想中止放映，只要按________键即可。

5．设置幻灯片动画的方法有________和________。

6．在普通视图中，幻灯片中会出现“单击此处添加标题”或“单击此处添加副标题”等提示文本框，这种文本框统称为________。

7．在 PowerPoint 2010 中，常用的文本对齐方式有左对齐、居中、右对齐、________和________。

8．在 PowerPoint 2010 中，想绘制正圆时应按住键盘上的________键。

9．在PowerPoint 2010 中，插入的图像可以是图形、剪贴画、________和相册。

10．在PowerPoint 2010 中，可以新建、保存文稿的选项卡是________。

三、判断题

1．（　　）幻灯片就是演示文稿。

2．（　　）在 PowerPoint 2010 中，文本的对齐方式没有“左对齐”。

3．（　　）设置幻灯片母版，可以起到统一整套幻灯片风格的作用。

4．（　　）大纲视图窗格可以用来编辑/修改幻灯片中对象的位置。

5.（　　）如果要从第 3 张幻灯片跳到第 7 张幻灯片，应单击“幻灯片放映”选项卡中的“动作设置”按钮。

6.（　　）没有标题文字，只有图片或其他对象的幻灯片，在大纲中是不反映出来的。

7.（　　）备注页视图中的幻灯片是一张图片，可以被拖动。

8.（　　）可以在幻灯片放映时将鼠标指针永远隐藏起来。

9.（　　）在一张幻灯片中，若将一幅图片及文本框设置成一致的动画显示效果时，则图片有动画效果，文本框没有。

10.（　　）在 PowerPoint 2010 中，对象设置动画后，先后顺序不可以更改。

习题 7　计算机网络与 Internet 应用

一、单项选择题

1. 对一栋办公楼内各办公室中的计算机进行联网，这个网络属于（　　）。

A．广域网　　B．局域网　　C．城域网　　D．Internet

2. 网络协议的 3 个要素是语法、语义与（　　）。

A．工作原理　　B．时序　　C．进程　　D．传输服务

3. 连接局域网中的计算机与传输介质的网络连接设备是（　　）。

A．Hub　　B．Switch　　C．网卡　　D．Router

4. Internet 的拓扑结构是（　　）。

A．网状　　B．环形　　C．星形　　D．总线型

5. 局域网常用的拓扑结构是（　　）。

A．星形和环形　　B．星形和总线型

C．环形和总线型　　D．星形、环形和总线型

6. 键盘和计算机之间的通信是（　　）通信。

A．单工　　B．半双工　　C．全双工　　D．自动

7. 以下不是网际互联设备的是（　　）。

A．网桥　　B．网关　　C．路由器　　D．调制解调器

8. 下列属于 Internet 服务的是（　　）。

A．远程登录　　B．电子邮件　　C．WWW　　D．以上全是

9. OSI 参考模型 7 层协议中，对应于路由器的协议层是（　　）。

A．物理层　　B．网络层　　C．传输层　　D．应用层

10. 在 TCP/IP 协议簇中的 UDP 协议所对应于 OSI 参考模型协议的（　　）。

A．数据链路层　　B．传输层　　C．应用层　　D．网络层

11. IP 地址 191.202.3.5 所属的类型是（　　）。

A．A 类地址　　B．B 类地址　　C．C 类地址　　D．D 类地址

12. 校园网与外界的连接器应采用（　　）。

A．中继器　　B．网桥　　C．网关　　D．路由器

13. 在拨号上网时，不需要的硬件是（　　）。

A. 计算机　　B. 调制解调器　　C. 电话线　　D. 网卡

14. 在局域网环境下，用来延长网络距离的最简单且最廉价的互联设备是（　　）。

A. 网桥　　B. 路由器　　C. 中继器　　D. 交换机

15. IPv6 中的地址是用（　　）二进制位数表示的。

A. 32　　B. 128　　C. 64　　D. 256

16. 在接入网技术中，ADSL 是（　　）数字用户线。

A. 对称　　B. 非对称　　C. 光纤　　D. 速率自适应

17. 通过 FTP 可传送的文件类型（　　）。

A. 只能是文本文件　　B. 只能是二进制文件

C. 可以是文本文件和二进制文件　　D. 可以是文本文件和图形文件

18. HTTP 是属于（　　）。

A. 电子邮件协议　　B. 网管协议

C. WWW 协议　　D. FTP 协议

19. ICMP 是（　　）。

A. 网管协议　　B. FTP 协议

C. Internet 控制报文协议　　D. 虚拟网

20. Telnet 是（　　）。

A. 电子邮件协议　　B. 网管协议

C. WWW 协议　　D. 远程登录协议

21. TCP 分片头的固定长度是（　　）。

A. 20 个字节　　B. 40 个字节　　C. 80 个字节　　D. 100 个字节

22. 连接 Internet 时，拨号上网需要安装的协议是（　　）。

A. POP3 协议　　B. HTTP 协议　　C. SNMP 协议　　D. SLIP/PPP 协议

23. 确保数据段按正确的顺序到达的是（　　）控制。

A. 差错　　B. 顺序　　C. 丢失　　D. 重复

24. 检错通常在 OSI 模型的（　　）层实现。

A. 物理　　B. 数据链路　　C. 网络　　D. 以上任一个

二、填空题

1. 计算机网络协议的三要素为________、________、________。

2. 接入 Internet 的计算机必须共同遵守________协议。

3. 在 IE 浏览器的历史记录中记录的是________。

4. 一个 IP 地址由________和________两部分组成。

5. HTML 的正式名称是________。

6. 在地理上跨越较大的范围，如跨城市、跨地区的网络叫________。

7. 调制解调器的作用是________。

8. 在网络上，只要有一个节点故障就可能使整个网络瘫痪的网络拓扑结构是________。

9. Internet 上计算机的名字由许多域构成，域间用________分隔。

10. IP 地址为________位二进制数。

11. 在计算机网络中，使用域名方式访问 Internet 上的某台计算机时，需要通过________转换成 IP 地址才能被识别。

12．用户名为 asi 的用户申请了一个 163 的免费邮箱，他的邮箱地址为________。

习题 8 公共基础知识

1．下列关于算法叙述正确的是（　　）。

A．设计算法时只需要考虑数据结构的设计　　B．算法就是程序

C．设计算法时只需要考虑结果的可靠性　　D．以上 3 种说法都不对

2．算法的有穷性是指（　　）。

A．算法程序的运行时间是有限的　　B．算法程序所处理的数据量是有限的

C．算法程序的长度是有限的　　D．算法只能被有限的用户使用

3．算法的空间复杂度是指（　　）。

A．算法在执行过程中所需要的计算机存储空间

B．算法所处理的数据量

C．算法在执行过程中所需要的临时工作单元数

D．算法程序中的语句或指令条数

4．下列叙述中正确的是（　　）。

A．程序执行的效率与数据的存储结构密切相关

B．程序执行的效率只取决于程序的控制结构

C．程序执行的效率只取决于所处理的数据量

D．以上说法均错误

5．下列叙述中正确的是（　　）。

A．顺序存储结构的存储一定是连续的，链式存储结构的存储空间不一定是连续的

B．顺序存储结构只针对线性结构，链式存储结构只针对非线性结构

C．顺序存储结构能存储有序表，链式存储结构不能存储有序表

D．链式存储结构比顺序存储结构节省存储空间

6．下列叙述中正确的是（　　）。

A．线性表的链式存储结构与顺序存储结构所需要的存储空间是相同的

B．线性表的链式存储结构所需要的存储空间一般要多于顺序存储结构

C．线性表的链式存储结构所需要的存储空间一般要少于顺序存储结构

D．线性表的链式存储结构与顺序存储结构在存储空间的需求上没有可比性

7．下列关于线性链表的叙述中，正确的是（　　）。

A．各数据结点的存储空间可以不连续，但它们的存储顺序与逻辑顺序必须一致

B．各数据结点的存储顺序与逻辑顺序可以不一致，但它们的存储空间必须连续

C．进行插入与删除时，不需要移动表中的元素

D．以上说法均不正确

8．下列关于栈的叙述中，正确的是（　　）。

A．栈底元素一定是最后入栈的元素　　B．栈顶元素一定是最先入栈的元素

C. 栈操作遵循先进后出的原则　　D. 以上说法均错误

9. 下列关于栈叙述正确的是（　　）。

A. 栈顶元素最先能被删除　　B. 栈顶元素最后才能被删除

C. 栈底元素永远不能被删除　　D. 栈底元素最先被删除

10. 下列链表中，其逻辑结构属于非线性结构的是（　　）。

A. 二叉链表　　B. 循环链表　　C. 双向链表　　D. 带链的栈

11. 支持子程序调用的数据结构是（　　）。

A. 栈　　B. 树　　C. 队列　　D. 二叉树

12. 下列与队列结构有关联的是（　　）。

A. 函数的递归调用　　B. 数组元素的引用

C. 多重循环的执行　　D. 先到先服务的作业调度

13. 对于循环队列，下列叙述中正确的是（　　）。

A. 队头指针是固定不变的

B. 队头指针一定大于队尾指针

C. 队头指针一定小于队尾指针

D. 队头指针可以大于队尾指针，也可以小于队尾指针

14. 下列数据结构中，属于非线性结构的是（　　）。

A. 循环队列　　B. 带链队列　　C. 二叉树　　D. 带链栈

15. 下列叙述中正确的是（　　）。

A. 循环队列是队列的一种链式存储结构

B. 循环队列是队列的一种顺序存储结构

C. 循环队列是非线性结构

D. 循环队列是一种逻辑结构

16. 设循环队列的存储空间为Q（1: 35），初始状态为front=rear=35。现经过一系列入队与退队运算后，front=15，rear=15，则循环队列中的元素个数为

A. 15　　B. 16　　C. 20　　D. 0或35

17. 下列叙述中正确的是（　　）。

A. 在栈中，栈中元素随栈底指针与栈顶指针的变化而动态变化

B. 在栈中，栈顶指针不变，栈中元素随栈底指针的变化而动态变化

C. 在栈中，栈底指针不变，栈中元素随栈顶指针的变化而动态变化

D. 以上说法均不正确

18. 下列叙述中正确的是（　　）。

A. 栈是“先进先出”的线性表

B. 队列是“先进后出”的线性表

C. 循环队列是非线性结构

D. 有序线性表既可以采用顺序存储结构，也可以采用链式存储结构

19. 下列叙述中正确的是（　　）。

A. 栈是一种先进先出的线性表　　B. 队列是一种后进先出的线性表

C. 栈与队列都是非线性结构　　D. 以上3种说法都不对

20．一个栈的初始状态为空。现将元素 1、2、3、4、5、A、B、C、D、E 依次入栈，然后依次出栈，则元素出栈的顺序是（　　）。

A．12345ABCDE　　B．EDCBA54321　　C．ABCDE12345　　D．54321EDCBA

21．下列叙述中正确的是（　　）。

A．循环队列有队头和队尾两个指针，因此，循环队列是非线性结构

B．在循环队列中，只需要队头指针就能反映队列中元素的动态变化情况

C．在循环队列中，只需要队尾指针就能反映队列中元素的动态变化情况

D．循环队列中元素的个数是由队头指针和队尾指针共同决定

22．下列叙述中正确的是（　　）。

A．有一个以上根结点的数据结构不一定是非线性结构

B．循环链表是非线性结构

C．只有一个根结点的数据结构不一定是线性结构

D．双向链表是非线性结构

23．下列关于二叉树的叙述中，正确的是（　　）。

A．叶子结点总是比度为 2 的结点少一个

B．叶子结点总是比度为 2 的结点多一个

C．叶子结点数是度为 2 的结点数的两倍

D．度为 2 的结点数是度为 1 的结点数的两倍

24．某二叉树共有 7 个结点，其中叶子结点只有 1 个，则该二叉树的深度为（假设根结点在第 1 层）（　　）。

A．3　　B．4　　C．6　　D．7

25．某系统总体结构图如下图所示，该系统总体结构图的深度是（　　）。

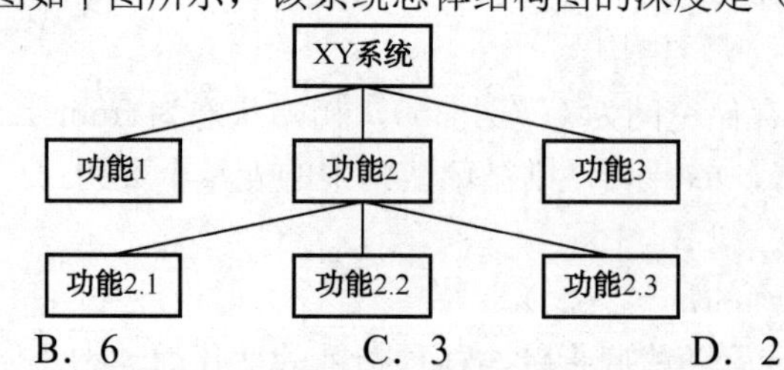

A．7　　B．6　　C．3　　D．2

26．一棵二叉树共有 25 个结点，其中 5 个是叶子结点，则度为 1 的结点数为（　　）。

A．16　　B．10　　C．6　　D．4

27．某二叉树有 5 个度为 2 的结点，则该二叉树中的叶子结点数是（　　）。

A．10　　B．8　　C．6　　D．4

28．对下列二叉树进行前序遍历的结果为（　　）。

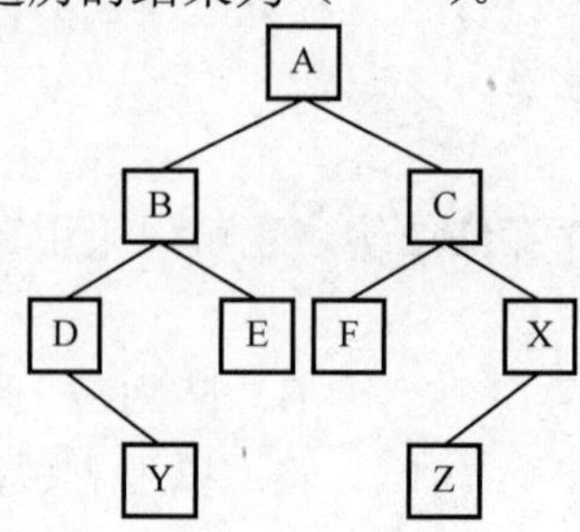

A．DYBEAFCZX　　B．YDEBFZXCA　　C．ABDYECFXZ　　D．ABCDEFXYZ

29．在长度为n的有序线性表中进行二分查找，最坏情况下需要比较的次数是（　　）。

A．O(n)　　B．$O(n^2)$　　C．$O(\log_2 n)$　　D．$O(n\log_2 n)$

30．对长度为n的线性表排序，在最坏情况下，比较次数不是n（n-1）/2的排序方法是（　　）。

A．快速排序　　B．冒泡排序　　C．直接插入排序　　D．堆排序

31．下列排序方法中，最坏情况下比较次数最少的是（　　）。

A．冒泡排序　　B．简单选择排序　　C．直接插入排序　　D．堆排序

32．结构化程序所要求的基本结构不包括（　　）。

A．顺序结构　　B．GOTO跳转

C．选择（分支）结构　　D．重复（循环）结构

33．结构化程序设计的基本原则不包括（　　）。

A．多态性　　B．自顶向下　　C．模块化　　D．逐步求精

34．在面向对象方法中，不属于"对象"基本特点的是（　　）。

A．一致性　　B．分类性　　C．多态性　　D．标识唯一性

35．面向对象方法中，继承是指（　　）。

A．一组对象所具有的相似性质　　B．一个对象具有另一个对象的性质

C．各对象之间的共同性质　　D．类之间共享属性和操作的机制

36．下面对对象概念描述正确的是（　　）。

A．对象间的通信靠消息传递　　B．对象是名字和方法的封装体

C．任何对象必须有继承性　　D．对象的多态性是指一个对象有多个操作

37．下列选项中属于面向对象设计方法的主要特征的是（　　）。

A．继承　　B．自顶向下　　C．模块化　　D．逐步求精

38．软件按功能可以分为应用软件、系统软件和支撑软件（或工具软件）。下面属于应用软件的是（　　）。

A．编译程序　　B．操作系统　　C．教务管理系统　　D．汇编程序

39．软件按功能可以分为应用软件、系统软件和支撑软件（或工具软件）。下面属于应用软件的是（　　）。

A．学生成绩管理系统　　B．C语言编译程序

C．UNIX 操作系统　　D．数据库管理系统

40．下面描述中，不属于软件危机表现的是（　　）。

A．软件过程不规范　　B．软件开发生产率低

C．软件质量难以控制　　D．软件成本不断提高

41．软件生命周期中的活动不包括（　　）。

A．市场调研　　B．需求分析　　C．软件测试　　D．软件维护

42．下面不属于软件设计阶段任务的是（　　）。

A．软件总体设计　　B．算法设计

C．制定软件确认测试计划　　D．数据库设计

43．软件需求规格说明书的作用不包括（　　）。

A．软件验收的依据　　B．用户与开发人员对软件要做什么的共同理解
C．软件设计的依据　　D．软件可行性研究的依据

44．软件生命周期是指（　　）。
A．软件产品从提出、实现、使用维护到停止使用退役的过程
B．软件的开发过程
C．软件从需求分析、设计、实现到测试完成的过程
D．软件的运行维护过程

45．下面不属于需求分析阶段任务的是（　　）。
A．确定软件系统的功能需求　　B．确定软件系统的性能需求
C．需求规格说明书评审　　D．制订软件集成测试计划

46．在软件开发中，需求分析阶段产生的主要文档是（　　）。
A．可行性分析报告　　B．软件需求规格说明书
C．概要设计说明书　　D．集成测试计划

47．在软件开发中，需求分析阶段可以使用的工具是（　　）。
A．N-S 图　　B．DFD 图　　C．PAD 图　　D．程序流程图

48．下列描述中错误的是（　　）。
A．系统总体结构图支持软件系统的详细设计
B．软件设计是将软件需求转换为软件表示的过程
C．数据结构与数据库设计是软件设计的任务之一
D．PAD 图是软件详细设计的表示工具

49．在软件设计中不使用的工具是（　　）。
A．系统结构图　　B．PAD 图
C．数据流图（DFD 图）　　D．程序流程图

50．程序流程图中带有箭头的线段表示的是（　　）。
A．图元关系　　B．数据流　　C．控制流　　D．调用关系

51．数据流图中带有箭头的线段表示的是（　　）。
A．控制流　　B．事件驱动　　C．模块调用　　D．数据流

52．数据字典（D D）所定义的对象都包含于（　　）。
A．数据流图（DFD 图）　　B．程序流程图
C．软件结构图　　D．方框图

53．耦合性和内聚性是对模块独立性度量的两个标准。下列叙述中正确的是（　　）。
A．提高耦合性降低内聚性有利于提高模块的独立性
B．降低耦合性提高内聚性有利于提高模块的独立性
C．耦合性是指一个模块内部各个元素间彼此结合的紧密程度
D．内聚性是指模块间互相连接的紧密程度

54．软件设计中模块划分应遵循的准则是（　　）。
A．低内聚低耦合　　B．高内聚低耦合　　C．低内聚高耦合　　D．高内聚高耦合

55．软件详细设计生产的图如下,该图是（　　）。

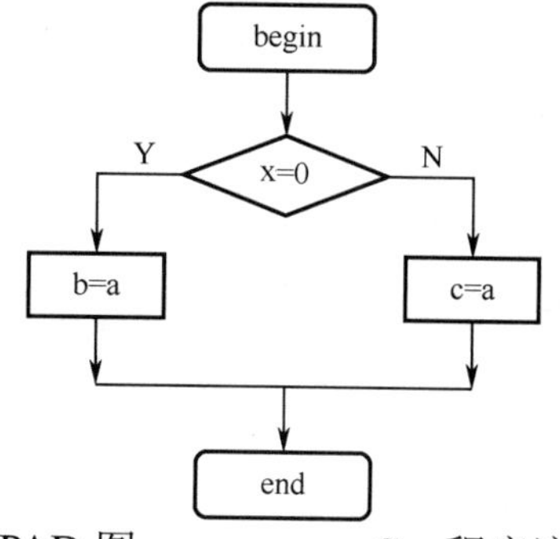

A．N-S 图　　B．PAD 图　　C．程序流程图　　D．E-R 图

56．下面叙述中错误的是（　　）

A．软件测试的目的是发现错误并改正错误

B．对被调试的程序进行“错误定位”是程序调试的必要步骤

C．程序调试通常也称为 Debug

D．软件测试应严格执行测试计划，排除测试的随意性

57．下面属于白盒测试方法的是（　　）。

A．等价类划分法　　B．逻辑覆盖　　C．边界值分析法　　D．错误推测法

58．在黑盒测试方法中，设计测试用例的主要根据是（　　）。

A．程序内部逻辑　　B．程序外部功能　　C．程序数据结构　　D．程序流程图

59．下面属于黑盒测试方法的是（　　）。

A．语句覆盖　　B．逻辑覆盖　　C．边界值分析　　D．路径覆盖

60．程序调试的任务是（　　）。

A．设计测试用例　　B．验证程序的正确性

C．发现程序中的错误　　D．诊断和改正程序中的错误

61．在数据管理技术发展的 3 个阶段中，数据共享最好的是（　　）。

A．人工管理阶段　　B．文件系统阶段　　C．数据库系统阶段　　D．3 个阶段相同

62．下面描述中不属于数据库系统特点的是（　　）。

A．数据共享　　B．数据完整性　　C．数据冗余度高　　D．数据独立性高

63．数据库应用系统中的核心问题是（　　）。

A．数据库设计　　B．数据库系统设计　　C．数据库维护　　D．数据库管理员培训

64．数据库管理系统是（　　）。

A．操作系统的一部分　　B．在操作系统支持下的系统软件

C．一种编译系统　　D．一种操作系统

65．层次型、网状型和关系型数据库划分原则是（　　）。

A．记录长度　　B．文件的大小

C．联系的复杂程度　　D．数据之间的联系方式

66．数据库系统的三级模式不包括（　　）。

A．概念模式　　B．内模式　　C．外模式　　D．数据模式

67．数据库设计中反映用户对数据要求的模式是（　　）。

A．内模式　　B．概念模式　　C．外模式　　D．设计模式

68．在下列模式中，能够给出数据库物理存储结构与物理存取方法的是（　　）。

A．外模式　　B．内模式　　C．概念模式　　D．逻辑模式

69．在满足实体完整性约束的条件下（　　）。

A．一个关系中应该有一个或多个候选关键字

B．一个关系中只能有一个候选关键字

C．一个关系中必须有多关键字候选

D．一个关系中可以没有候选关键字

70．负责数据库中查询操作的数据库语言是（　　）。

A．数据定义语言　　B．数据管理语言

C．数据操纵语言　　D．数据控制语言

71．下列关于数据库设计的叙述中，正确的是（　　）。

A．在需求分析阶段建立数据字典

B．在概念设计阶段建立数据字典

C．在逻辑设计阶段建立数据字典

D．在物理设计阶段建立数据字典

72．设有表示学生选课的 3 张表，学生 S（学号，姓名，性别，年龄，身份证号），课程 C（课号，课名），选课 SC（学号，课号，成绩），则表 SC 的关键字（键或码）为（　　）。

A．课号，成绩　　B．学号，成绩

C．学号，课号　　D．学号，姓名，成绩

73．在数据库设计中，将 E-R 图转换成关系数据模型的过程属于（　　）。

A．需求分析阶段　　B．概念设计阶段

C．逻辑设计阶段　　D．物理设计阶段

74．数据库设计过程不包括（　　）。

A．概念设计　　B．逻辑设计

C．物理设计　　D．算法设计

75．在关系数据库中，用来表示实体间联系的是（　　）。

A．属性　　B．二维表　　C．网状结构　　D．树状结构

76．将 E-R 图转换为关系模式时，实体和联系都可以表示为（　　）。

A．属性　　B．键　　C．关系　　D．域

77．在 E-R 图中，用来表示实体联系的图形是（　　）。

A．椭圆形　　B．矩形　　C．菱形　　D．三角形

78．一个工作人员可以使用多台计算机，而一台计算机可被多个人使用，则实体工作人员与实体计算机之间的联系是（　　）。

A．一对一　　B．一对多　　C．多对多　　D．多对一

79．公司中有多个部门和多名职员，每个职员只能属于一个部门，一个部门可以有多名职员。则实体部门和职员间的联系是（　　）。

A．1∶1 联系　　B．m∶1 联系　　C．1∶m 联系　　D．m∶n 联系

80．有关系 R 和 S，如下图所示。

R

A	B	C
a	1	2
b	2	1
c	3	1

S-选择，σ C=1(R)

A	B	C
b	2	1
c	3	1

T-投影，ΠB,C(R)

B	C
1	2
2	1
3	1

则由关系 R 得到 S 关系的操作是（　　），由关系 R 得到关系 T 的操作是（　　）。

81．有关系 R 和 S，如下图所示。

R

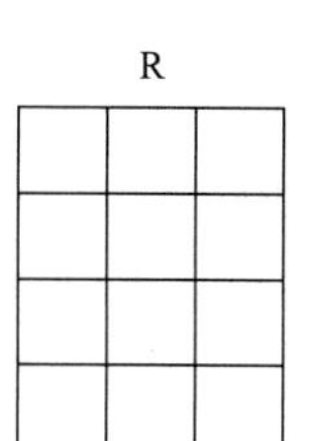

S

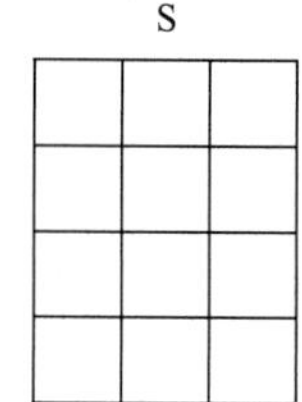

T ,R∩S　　T1,R∪S

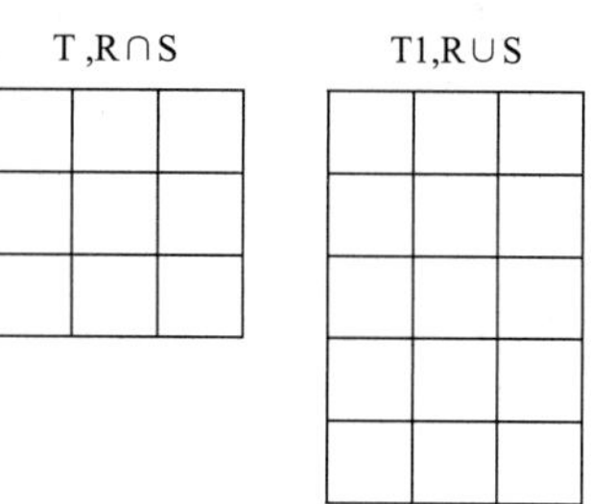

T2,R-S

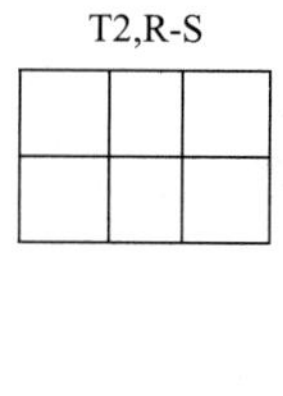

T3,R×S

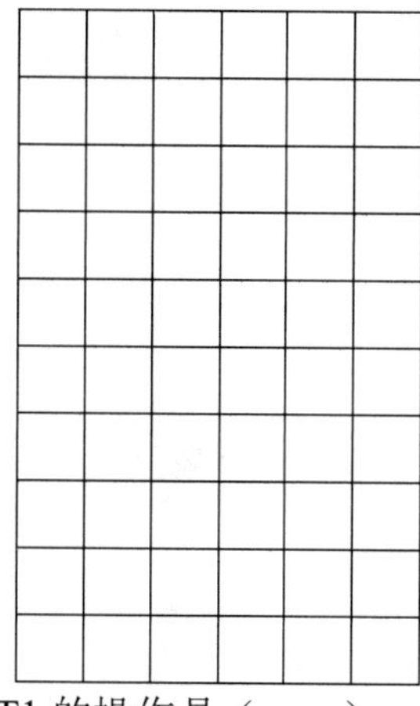

则由关系 R 和 S 得到 T 关系的操作是（　　），由关系 R 和 S 得到 T1 的操作是（　　），由关系 R 和 S 得到 T2 的操作是（　　），由关系 R 和 S 得到 T3 的操作是（　　）。

82．有关系 R、S 和 T，如下图所示。

R

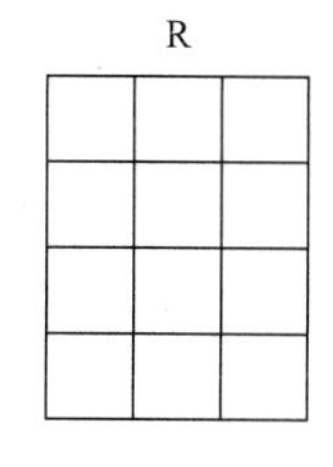

S　　T　　U1,R⋈S

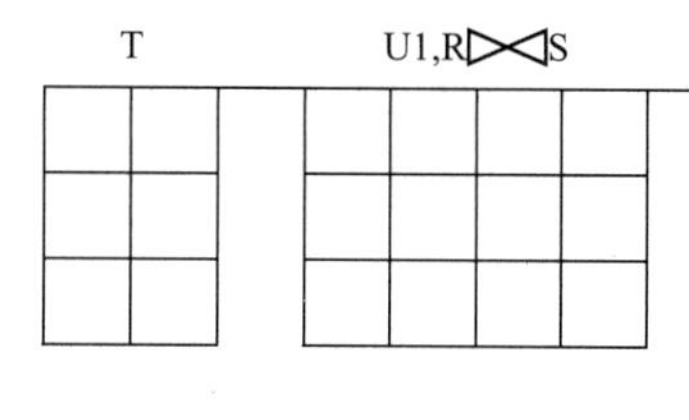

U2,R÷T

C
1

U3,R×S

则由关系 R 和 S 得到 U1 关系的操作是（　　），由关系 R 和 T 得到 U2 的操作是（　　），由关系 R 和 S 得到 U3 的操作是（　　）。

附录B 计算机等级考试一级MS Office模拟试题

第一套

一、选择题

1．在计算机内部用来传送、存储、加工处理的数据或指令都是（　　）形式的。

A．十进制码　　B．二进制码

C．八进制码　　D．十六进制码

2．磁盘上的磁道是（　　）。

A．一组记录密度不同的同心圆　　B．一组记录密度相同的同心圆

C．一条阿基米德螺旋线　　D．两条阿基米德螺旋线

3．下列关于世界上第一台电子计算机ENIAC的叙述中，（　　）是不正确的。

A．ENIAC是1946年在美国诞生的

B．它主要采用电子管和继电器

C．它首次采用存储程序和程序控制使计算机自动工作

D．它主要用于弹道计算

4．用高级程序设计语言编写的程序称为（　　）。

A．源程序　　B．应用程序

C．用户程序　　D．实用程序

5．二进制数011111转换为十进制整数是（　　）。

A．64　　B．63　　C．32　　D．31

6．将用高级程序语言编写的源程序翻译成目标程序的程序称为（　　）。

A．连接程序　　B．编辑程序

C．编译程序　　D．诊断维护程序

7. 微型计算机的主机由CPU、（　　）构成。

A. RAM　　B. RAM、ROM和硬盘

C. RAM和ROM　　D. 硬盘和显示器

8. 十进制数 101 转换成二进制数是（　　）。

A. 01101001　　B. 01100101

C. 01100111　　D. 01100110

9. 下列既属于输入设备，又属于输出设备的是（　　）。

A. 软盘片　　B. CD-ROM

C. 内存储器　　D. 软盘驱动器

10. 已知字符A的ASCⅡ码是01000001B，字符D的ASCⅡ码是（　　）。

A. 01000011B　　B. 01000100B

C. 01000010B　　D. 01000111B

11. 1MB的准确数量是（　　）。

A. 1024×1024 Words　　B. 1024×1024 Bytes

C. 1000×1000 Bytes　　D. 1000×1000 Words

12. 一个计算机操作系统通常应具有（　　）。

A. CPU管理、显示器管理、键盘管理、打印机和鼠标器管理五大功能

B. 硬盘管理、软盘驱动器管理、CPU管理、显示器管理和键盘管理五大功能

C. 处理器（CPU）管理、存储管理、文件管理、输入/输出设备管理和作业管理五大功能

D. 计算机启动、打印、显示、文件存取和关机五大功能

13. 下列存储器中，属于外部存储器的是（　　）。

A. ROM　　B. RAM　　C. Cache　　D. 硬盘

14. 计算机系统由（　　）两大部分组成。

A. 系统软件和应用软件　　B. 主机和外部设备

C. 硬件系统和软件系统　　D. 输入设备和输出设备

15. 下列叙述中，错误的是（　　）。

A. 计算机硬件主要包括主机、键盘、显示器、鼠标器和打印机五大部件

B. 计算机软件分系统软件和应用软件两大类

C. CPU主要由运算器和控制器组成

D. 内存储器中存储当前正在执行的程序和处理的数据

16. 下列存储器中，属于内部存储器的是（　　）。

A. CD-ROM　　B. ROM

C. 软盘　　D. 硬盘

17. 目前微机中所广泛采用的电子元器件是（　　）。

A. 电子管　　B. 晶体管

C. 小规模集成电路　　D. 大规模和超大规模集成电路

18. 根据汉字国标GB 2312—1980的规定，二级次常用汉字的个数是（　　）。

A. 3000个　　B. 7445个

C. 3008个　　D. 3755个

19．下列叙述中，错误的是（　　）。

A．CPU 可以直接处理外部存储器中的数据

B．操作系统是计算机系统中最主要的系统软件

C．CPU 可以直接处理内部存储器中的数据

D．一个汉字的机内码与它的国标码相差 8080H

20．编译程序的最终目标是（　　）。

A．发现源程序中的语法错误

B．改正源程序中的语法错误

C．将源程序编译成目标程序

D．将某一高级语言程序翻译成另一高级语言程序

二、基本操作题

1．将考生文件夹“C:\WEXAM\20000016”文件夹下的“SCHOOL”文件夹中的文件“SKY”更名为“SKIN”。

2．在考生文件夹“C:\WEXAM\20000016”文件夹下创建文件夹“psd”。

3．在考生文件夹“C:\WEXAM\2000016”文件夹下的“MOhttp://www.100ksw.com/ON”文件夹中新建一个文件夹“hub”。

4．将考生文件夹“C:\WEXAM\2000016”文件夹下“TIXT”文件夹中的“ENG”文件重命名为“end”。

5．将考生文件夹“C:\WEXAM\20000016”下“WAKE”文件夹中的文件“PLAY”设置为只读属性。

三、Word 操作题

1．在考生文件夹下打开文档“WDT11.docx”，按照要求完成下列操作。

（1）将文中所有错误的词语“款待”替换为“宽带”；将标题段文字（“宽带发展面临路径选择”）设置为三号黑体、红色、加粗、居中并添加文字蓝色底纹，段后间距设置为 16 磅。

（2）将正文各段文字（“近来……设备商、运营商和提供商都难以获益。”）设置为五号仿宋_GB2312，各段落左右各缩进 2 厘米，首行缩进 0.8 厘米，行距为 2 倍行距，段前间距 9 磅。

（3）将正文第二段（“中国出现宽带接入热潮……一个难得的历史机会。”）分为等宽的两栏，栏宽为 7 厘米。并以原文件名保存文档。

2．在考生文件夹下打开文档“WDT12.docx”，按照要求完成下列操作。

（1）将文档中所提供表格的文字对齐方式设置为垂直居中，段落对齐方式设置为水平居中。

（2）在表格的最后增加一列，设置不变，列标题为“平均成绩”，计算各考生的平均成绩并插入相应单元格内，再将表格中的内容按“平均成绩”的递减次序进行排序。并以原文件名保存文档。

四、Excel 操作题

请选择“考试项目”→“电子表格软件使用”命令，然后按照题目要求打开相应的子菜单，完成下面的内容，具体要求如下。

注意：下面出现的所有文件都必须保存在考生文件夹“[%USER%]”下，所有中英文状态的括号、小数位数必须与题面相符合。

（1）打开工作簿文件“table13.xlsx”，将下列已知数据建成一个抗洪救灾捐献统计表（存放在 A1:D5 单元格区域内），将当前工作表“Sheet1”更名为“救灾统计表”。

单位	捐款/万元	实物/件	折合人民币/万元
第一部门	1.95	89	2.45
第二部门	1.2	87	1.67
第三部门	0.95	52	1.30
总计			

（2）计算各项捐献的总计，分别填入“总计”行的各相应列中（结果的数字格式为常规样式）。

（3）选中“单位”和“折合人民币”两列数据（不包含总计），绘制部门捐款的三维饼图，要求有图例，并显示各部门捐款总数的百分比，图表标题为“各部门捐款总数百分比图”。嵌入在数据表格下方（存放在 A8:E18 单元格区域内）。

五、PowerPoint 操作题

打开考生文件夹下的演示文稿“yswg2.pptx”，按下列要求完成对此文稿的修饰并保存。

（1）将最后一张幻灯片向前移动，作为演示文稿的第一张幻灯片，并在副标题处输入“领先同行业的技术”；字体设置成宋体、加粗、倾斜、44 磅。将最后一张幻灯片的版式更换为“垂直排列标题与文本”。

（2）使用“场景型模板”演示文稿设计模板修饰全文；全文幻灯片切换效果设置为“从左下抽出”；第二张幻灯片的文本部分动画设置为“底部飞入”。

六、上网题

请在“答题”菜单中选择相应的命令，完成下面的内容。

注意：下面出现的所有文件都必须保存在考生文件夹下。

（1）某考试网站的主页地址是“HTTP://NCRE/1JKS/INDEX.HTML”，打开此主页，浏览“计算机考试”页面，查找“NCRE 二级介绍”页面内容，并将它以文本文件的格式保存到考生文件夹下，命名为“1jswks01.txt”。

（2）向财务部主任张小莉发送一个电子邮件，并将考生文件夹下的一个 Word 文档“ncre.docx”作为附件一起发出，同时抄送总经理王强先生。具体内容如下。

【收件人】zhangxl@163.com

【抄送】wangqiang@sina.com

【主题】差旅费统计表

【函件内容】发去全年差旅费统计表，请审阅。具体计划见附件。

第二套

一、选择题

1．汉字的区位码由区号和位号组成，其区号和位号的范围各为（　　）。

A．区号：1～95，位号：1～95　　B．区号：1～94，位号：1～94

C．区号：0～94，位号：0～94　　D．区号：0～95，位号：0～95

2．计算机之所以能按人们的意志自动进行工作，主要是因为采用了（　　）。

A．二进制数制　　B．高速电子元件

C．存储程序控制　　D．程序设计语言

3．32 位微机是指它所用的 CPU 是（　　）。

A．一次能处理 32 位二进制数　　B．能处理 32 位十进制数

C．只能处理 32 位二进制定点数　　D．有 32 个寄存器

4．用 MIPS 为单位来衡量计算机的性能，它指的是计算机的（　　）。

A．传输速率　　B．存储器容量

C．字长　　D．运算速度

5．计算机最早的应用领域是（　　）。

A．人工智能　　B．过程控制

C．信息处理　　D．数值计算

6．二进制数 00111001 转换成十进制数是（　　）。

A．58　　B．57　　C．56　　D．41

7．已知字符 A 的 ASCⅡ码是 01000001B，ASCⅡ码为 01000111B 的字符是（　　）。

A．D　　B．E　　C．F　　D．G

8．在微型计算机系统中要运行某一程序时，如果所需内存储容量不够，可以通过（　　）的方法来解决。

A．增加内存容量　　B．增加硬盘容量

C．采用光盘　　D．采用高密度软盘

9．一个汉字的机内码需用（　　）个字节存储。

A．4　　B．3　　C．2　　D．1

10．在外部设备中，扫描仪属于（　　）。

A．输出设备　　B．存储设备

C．输入设备　　D．特殊设备

11．微型计算机的技术指标主要是指（　　）。

A．所配备的系统软件的优劣

B．CPU 的主频和运算速度、字长、内存容量和存取速度

C．显示器的分辨率、打印机的配置

D．硬盘容量的大小

12．用 MHz 来衡量计算机的性能，它指的是（　　）。

A．CPU 的时钟主频　　B．存储器容量

C．字长　　D．运算速度

13．任意一汉字的机内码和其国标码之差总是（　　）。

A．8000H　　B．8080H

C．2080H　　D．8020H

14．操作系统是计算机系统中的（　　）。

A．主要硬件　　B．系统软件

C．外部设备　　D．广泛应用的软件

15．计算机的硬件主要包括中央处理器（CPU）、存储器、输出设备和（　　）。

A．键盘　　B．鼠标器

C．输入设备　　D．显示器

16．在计算机的存储单元中存储的（　　）。

A．只能是数据　　B．只能是字符

C．只能是指令　　D．可以是数据或指令

17．十进制数 111 转换成二进制数是（　　）。

A．1111001　　B．01101111

C．01101110　　D．011100001

18．用 8 个二进制位能表示的最大的无符号整数等于十进制整数（　　）。

A．127　　B．128　　C．255　　D．256

19．下列各组设备中，全都属于输入设备的一组是（　　）。

A．键盘、磁盘和打印机　　B．键盘、鼠标器和显示器

C．键盘、扫描仪和鼠标器　　D．硬盘、打印机和键盘

20．微型机 CPU 的配置为“PentiumIII/866”其中的数字 866 表示（　　）。

A．CPU 的型号是 866　　B．CPU 的时钟主频是 866MHz

C．CPU 的高速缓存容量为 866KB　　D．CPU 的运算速度是 866MIPS

二、基本操作题

1．将考生文件夹“C:\WEXAM\10001258”下“FUN”文件夹中的文件“KIKK”复制到考生文件夹下文件夹“DOIN”中。

2．将考生文件夹“C:\WEXAM\10001258”文件夹下“DOIN”文件夹中的文件“PRO”删除。

3．将考生文件夹“C:\WEXAM\10001258”中“http://www.100ksw.com/”文件夹下的“WATTH”文件夹删除。

4．为考生文件夹“C:\WEXAM\20001258”下“FIR”文件夹中的文件“START”创建快捷方式。

5．将考生文件夹“C:\WEXAM\10001258”下“STUDT”文件夹中的文件“ANG”的隐藏和只读属性撤销，并设置为存档属性。

三、Word 操作题

1．在考生文件夹下打开文档“WDT21.docx”，按照要求完成下列操作。

（1）将文中所有“质量法”替换为“产品质量法”；将标题段文字（“产品质量法实施不力地方保护仍是重大障碍”）设置为三号、楷体_GB2312、蓝色、倾斜、居中，并添加文字黄色底纹，将段后间距设置为 18 磅。

（2）将正文各段落文字（“为规范……没有容身之地。”）设置为小四号宋体、加粗，各段落右缩进 1 厘米，悬挂缩进 0.8 厘米，行距为 2 倍行距。

（3）将正文第一段（“为规范……重大障碍。”）与第二段合并，并将合并后的段落分为等宽的两栏，栏宽为 7 厘米。完成以原文件名保存文档。

2．在考生文件夹下打开文档“WDT22.docx”，按照要求完成下列操作。

（1）将文档末尾所提供的 5 行文字转换成一个 5 行 6 列的表格，再将表格文字对齐方式设

置为底端对齐，水平对齐方式设置为右对齐。

（2）在表格的最后增加一行，设置不变，其行标题为“午休”，再将“午休”所在单元格设置成红色底纹填充，表格内实单线设置成0.75磅实线，外框实单线设置成1.5磅实线。完成以原文件名保存文档。

四、Excel操作题

请选择“考试项目”→“电子表格软件使用”命令，然后按照题目要求打开相应的子菜单，按下面的要求完成各项操作。

注意：下面出现的所有文件都必须保存在考生文件夹“[%USER%]”下，所有中英文状态的括号、小数位数必须与题面相符合。

（1）打开工作簿文件“table.xlsx”，请将下列两种类型的股票价格随时间变化的数据建成一个数据表（存放在A1:E7单元格区域内），其数据表保存在“Sheet1”工作表中。

股票种类	时间	盘高	盘低	收盘价
A	10:30	114.2	113.2	113.5
A	12:20	215.2	210.3	212.1
A	14:30	116.5	112.2	112.3
B	12:20	120.5	119.2	119.5
B	14:30	222.0	221.0	221.5
B	16:40	125.5	125.0	125.0

（2）选择建立的数据表中的“盘高”、“盘低”、“收盘价”、“时间”数据建立“盘高-盘低-收盘价”簇状柱形图图表，图表标题为“股票价格走势图”，并将其嵌入到工作表的A9:F19单元格区域中。

（3）将工作表“Sheet1”更名为“股票价格走势表”。

五、PowerPoint操作题

打开考生文件夹下的演示文稿“yswg3.pptx”，按下列要求完成对此文稿的修饰并保存。

（1）在幻灯片的标题区中输入“中国的DXF100地效飞机”，字体设置为红色（请用自定义标签中的红色255、绿色0、蓝色0），黑体，加粗，54磅。插入一张版式为“项目清单”的新幻灯片，作为第二张幻灯片。

输入第二张幻灯片的标题内容“DXF100主要技术参数”。

输入第二张幻灯片的文本内容“可载乘客15人装有两台300马力航空发动机”。

（2）第二张幻灯片的背景预设颜色为“海洋”，底纹样式为“横向”。将全文幻灯片切换效果设置为“从上抽出”；将第一张幻灯片中的飞机图片动画设置为“右侧飞入”。

六、上网题

请在“答题”菜单下选择相应的命令，完成下面的内容。

注意：下面出现的所有文件都必须保存在考生文件夹下。

（1）某考试网站的主页地址是“HTTP://NCRE/1JKS/INDEX.HTML”，打开此主页，浏览“英语考试”页面，查找“英语专业四、八级介绍”页面内容，并将它以文本文件的格式保存到考生文件夹下，命名为“1jswks02.txt”。

（2）向部门经理王强发送一个电子邮件，并将考生文件夹下的一个Word文档“plan.docx”作为附件一起发出，同时抄送总经理柳扬先生，具体如下。

【收件人】wangq@bj163.com
【抄送】liuy@263.net.cn
【主题】工作计划
【函件内容】发去全年工作计划草案，请审阅。具体计划见附件。

第三套

一、选择题

1．微机正在工作时电源突然中断供电，此时计算机（　　）中的信息全部丢失，并且恢复供电后也无法恢复这些信息。

A．软盘片　　B．ROM　　C．RAM　　D．硬盘

2．根据汉字国标码 GB 2312—1980 的规定，将汉字分为常用汉字（一级）和次常用汉字（二级）两级汉字。一级常用汉字按（　　）排列。

A．部首顺序　　B．笔画多少
C．使用频率多少　　D．汉语拼音字母顺序

3．下列字符中，其 ASCⅡ码值最小的一个是（　　）。

A．空格字符　　B．0　　C．A　　D．a

4．下列存储器中，CPU 能直接访问的是（　　）。

A．硬盘存储器　　B．CD-ROM
C．内存储器　　D．软盘存储器

5．微型计算机的性能主要取决于（　　）。

A．CPU 的性能　　B．硬盘容量的大小
C．RAM 的存取速度　　D．显示器的分辨率

6．微机中采用的标准 ASCⅡ编码用（　　）位二进制数表示一个字符。

A．6　　B．7　　C．8　　D．16

7．能直接与 CPU 交换信息的存储器是（　　）。

A．硬盘存储器　　B．CD-ROM
C．内存储器　　D．软盘存储器

8．如果要运行一个指定的程序，那么必须将这个程序装入到（　　）中。

A．RAM　　B．ROM　　C．硬盘　　D．CD-ROM

9．十进制数 56 对应的二进制数是（　　）。

A．00110111　　B．00111001　　C．00111000　　D．00111010

10．五笔字型汉字输入法的编码属于（　　）。

A．音码　　B．形声码　　C．区位码　　D．形码

11．在计算机内部，一切信息的存取、处理和传送都是以（　　）进行的。

A．二进制　　B．ASCⅡ码
C．十六进制　　D．EBCDIC 码

12．冯·诺依曼体系结构的计算机包含的五大部件是（　　）。

A．输入设备、运算器、控制器、存储器、输出设备

B．输入/出设备、运算器、控制器、内/外存储器、电源设备

C．输入设备、中央处理器、只读存储器、随机存储器、输出设备

D．键盘、主机、显示器、磁盘机、打印机

13．第一台计算机是1946年在美国研制的，该机的英文缩写名为（　　）。

A．EDSAC　　　　B．EDVAC

C．ENIAC　　　　D．MARK-Ⅱ

14．调制解调器（Modem）的作用是（　　）。

A．将计算机的数字信号转换成模拟信号

B．将模拟信号转换成计算机的数字信号

C．将计算机数字信号与模拟信号互相转换

D．为了上网与接电话两不误

15．存储一个汉字的机内码需两个字节。其前后两个字节的最高位二进制值依次分别是（　　）。

A．1 和 1　　　　B．1 和 0

C．0 和 1　　　　D．0 和 0

16．1KB的存储空间能存储（　　）个汉字国标（GB 2312—1980）码。

A．1024　　B．512　　C．256　　D．128

17．二进制数 01100011 转换成的十进制数是（　　）。

A．51　　B．98　　C．99　　D．100

18．显示或打印汉字时，系统使用的是汉字的（　　）。

A．机内码　　　　B．字形码

C．输入码　　　　D．国标交换码

19．存储一个48×48点的汉字字形码，需要（　　）字节。

A．72　　B．256　　C．288　　D．512

20．计算机操作系统的主要功能是（　　）。

A．对计算机的所有资源进行控制和管理，为用户使用计算机提供方便

B．对源程序进行翻译

C．对用户数据文件进行管理

D．对汇编语言程序进行翻译

二、基本操作题

1．将考生文件夹“C:\WEXAM\1200089”下“WAR”文件夹中的文件“INT.CPX”移动到考生文件夹下“MILE:FONT”文件夹中。

2．将考生文件夹“C:\WEXAM\12000089”下“TEA”文件夹中的文件夹“NARN”设置为只读和隐藏属性。

3．将考生文件夹“C:\WEXAM\12000089”下“LUhttp://www.100ksw.com/ER”文件夹中的文件“MOON”复制到考生文件夹下“SDEND”文件夹中，并将该文件更名为“SOUND”。

4．将考生文件夹“C:\WEXAM\12000089”下“HEAD”文件夹中的文件夹“SUNSONG.BBS”删除。

5．在考生文件夹“C:\WEXAM\12000089”下“SDEND”文件夹中建立一个新文件夹“LOOK”。

三、Word 操作题

1．在考生文件夹下打开文档“WDT31.docx”。操作完成后以原文件名保存文档。

（1）将标题段（“分析：超越 Linux、Windows 之争”）的所有文字设置为三号、黄色、加粗，居中并添加蓝色底纹，其中的英文文字设置为 Arial Black 字体，中文文字设置为黑体。将正文各段文字（“对于微软官员……它就难于反映在统计数据中。”）设置为楷体_GB2312、五号，首行缩进 0.8 厘米，段前间距 16 磅。

（2）第一段首字下沉，下沉行数为 2，距正文 0.2 厘米。将正文第三段（“同时……对软件的控制并产生收入。”）分为等宽的两栏，栏宽为 7 厘米。

2．在考生文件夹下打开文档“WDT32.docx”。操作完成后以原文件名保存文档。

（1）将文档中所提供的表格设置成文字对齐方式为垂直居中，水平对齐方式为左对齐，将“总计”设置成蓝色底纹填充。

（2）在表格的最后增加一列，设置不变，列标题为“总学分”，计算各学年的总学分（总学分–(理论教学学时+实践教学学时)/2），将计算结果插入相应单元格内，再计算四学年的学分总计，插入到第四列第六行单元格内。

四、Excel 操作题

请选择“考试项目”→“电子表格软件使用”命令，然后按照题目要求打开相应的子菜单，按要求完成下面的操作。

注意：下面出现的所有文件都必须保存在考生文件夹“[%USER%]”下，所有中英文状态的括号、小数位数必须与题面相符合。

（1）打开工作簿文件“ta14.xlsx”，将下列已知数据建立一数据表格（存放在 A1:D5 单元格区域内）。

北京市朝阳区胡同里 18 楼月费用一览表

门牌号	水费	电费	煤气费
1	71.2	102.1	12.3
2	68.5	175.5	32.5
3	68.4	312.4	45.2

（2）在 B6 单元格中利用 RIGHT 函数取 B5 单元格中字符串右 3 位。利用 INT 函数求出门牌号为 1 的电费的整数值，其结果置于 C6 单元格。

（3）绘制各门牌号各种费用的簇状柱形图，要求有图例，系列产生在列，图表标题为“月费用柱形图”。将其嵌入在数据表格下方（存放在 A9:E19 单元格区域内）。

五、PowerPoint 操作题

打开考生文件夹下的演示文稿“yswg6.pptx”，按下列要求完成对此文稿的修饰并保存。

（1）将第三张幻灯片版式改变为“垂直排列标题与文本”，将第一张幻灯片背景填充纹理为“羊皮纸”。

（2）将文稿中的第二张幻灯片加上标题“项目计划过程”，将字体设置为隶书，字号设置为 48 磅。然后将该幻灯片移动到文稿的最后，作为整个文稿的第三张幻灯片。全文幻灯片的切换效果都设置成“垂直百叶窗”。

六、上网题

请在“答题”菜单下选择相应的命令，完成下面的内容。

注意：下面出现的所有文件都必须保存在考生文件夹下。

（1）某考试网站的主页地址是“HTTP://NCRE/1JKS/INDEX.HTML”，打开此主页，浏览“英语考试”页面，查找“五类专升本考生可免试入学北外”页面内容，并将它以文本文件的格式保存到考生文件夹下，命名为“1jswks03.txt”。

（2）接收并阅读由 Qian@163.com 发来的 E-mail，并立即回复，回复主题为“准时接机”，回复内容是“我将准时去机场接您。”